U0382494

基金项目：浙江省高校人文社科攻关计划项目生态治理与“绿水青山就是金山银山”转化机制研究（2021GH009）

"绿水青山就是金山银山"理念

安吉发展报告 2021

金佩华　马小龙　朱　强　著

中国社会科学出版社

图书在版编目(CIP)数据

"绿水青山就是金山银山"理念安吉发展报告.2021/金佩华，马小龙，朱强著.—北京：中国社会科学出版社，2023.6
ISBN 978-7-5227-2078-4

Ⅰ.①绿… Ⅱ.①金…②马…③朱… Ⅲ.①生态环境建设—研究报告—安吉县—2021 Ⅳ.①X321.255.4

中国国家版本馆 CIP 数据核字(2023)第 103702 号

出版人　赵剑英
责任编辑　宫京蕾
责任校对　秦　婵
责任印制　郝美娜

出　　版　中国社会科学出版社
社　　址　北京鼓楼西大街甲 158 号
邮　　编　100720
网　　址　http：//www.csspw.cn
发行部　010-84083685
门市部　010-84029450
经　　销　新华书店及其他书店

印刷装订　北京君升印刷有限公司
版　　次　2023 年 6 月第 1 版
印　　次　2023 年 6 月第 1 次印刷

开　　本　710×1000　1/16
印　　张　10
插　　页　2
字　　数　126 千字
定　　价　68.00 元

凡购买中国社会科学出版社图书，如有质量问题请与本社营销中心联系调换
电话：010-84083683
版权所有　侵权必究

课题组成员

金佩华	黄祖辉	王景新
陈光炬	杨建初	马小龙
朱　强	刘亚迪	李绍平
沈琪霞	蔡颖萍	刘玉莉

目　录

第 一 章

“两山”理念与生态产品价值实现

“绿水青山就是金山银山”理念是习近平生态文明思想的主要组成部分，是中国生态文明建设的理论创新和实践创造。2005 年 8 月 15 日，时任浙江省委书记的习近平在安吉余村考察时首次提出这一科学论断，深刻揭示了经济发展与环境保护的对立统一关系。2020 年 3 月 30 日，习近平总书记时隔 15 年再次莅临安吉考察时明确指出“生态本身就是经济”，同时指出“你们现在取得的成绩，就是证明了这条路子是正确的，路子对了就要坚定走下去”。生态产品价值实现既是绿色发展的内在要求，又是打开“两山”转化的线路路径，核心是通过促进“经济生态化、生态经济化”，将绿水青山蕴含的生态系统服务价值转化为金山银山，通过选择有条件的地方开展生态产品价值实现试点，逐步探索出一条“生态美、产业兴、百姓富”的高质量绿色发展道路。

第一节　生态本身就是经济

生态指生物在一定的自然环境下生存和发展的状态，也指生物的生理特性和生活习性。狭义上看，生态就是生物与生物之间及生物与非生物之间形成的相互关系，是决定生物性状特征和分布的因子，也是生物和非生物环境间通过能量流动和物质循环而相互作用的生态系统。广义上看，生态包括绿色环保、低碳节能、资源节约、公益和谐等重要内容。生态学一词是 1865 年勒特（Reiter）合并两个希腊字 logos 和 oikos 构成的，本义是生物生存的场所，引申为人们居住的指房屋或住所。德国生物学家海克尔 H. Haeckel 首次把生态学定义为“研究动物与有机及无机环境相互关系的科学”。日本东京帝国大学三好学于 1895 年把 ecology 一词译为“生态学”。

生态系统是指在自然界的一定的空间内，生物与环境构成的统一整体，在这个统一的整体中，生物与环境之间相互影响、相互制约，并在一定时期内处于相对稳定的动态平衡状态。生态系统中有机体不能与其所处的环境分离，必须与其所处的环境形成一个自然生态系统，它们都按一定的规律进行能量流动、物质循环和信息传递。生态系统中的能量流动和物质循环在没有受到外力的剧烈干扰的情况下总是平稳地进行着，生态系统的结构也保持相对的稳定状态，这就是生态平衡。生态系统为人们提供生存条件和生活资料，也是经济活动的起点，如果生态失衡就会危及人们的生存，影响到经济发展。生态系统具有多方面价值，最重要的是能够为经济发展提供原材料，在生产、流通、消费过程中不可缺少。社会生产是立足于对生态资源的开发和利用，生产对人类有用的物品，提供衣、食、住、行的保障。社会生产是为了满足人类社会需要而进行的生产。经济系统的运行是社会有序运行的基础，现代化经济体系就是生态经济体系。

生态系统服务（ecosystem services）是指人类从生态系统获得的所有惠益，包括供给服务（如提供食物和水）、调节服务（如控制洪水和疾病）、文化服务（如精神、娱乐和文化收益）以及支持服务

(如维持地球生命生存环境的养分循环)。人类生存与发展所需要的资源归根结底都来源于自然生态系统。它不仅为人类提供食物、医药和其他生产生活原料，还创造与维持了地球的生命支持系统，形成人类生存所必需的环境条件，同时还为人类生活提供了休闲、娱乐与美学享受。生态系统服务功能对外部显示有重要作用。例如，改善环境，提供产品等。生态系统不仅给人类提供生存必需的食物、医药及工农业生产的原料等产品，而且维持了人类赖以生存和发展的生命保障系统。与传统的服务不同，生态系统服务只有一小部分能够进入市场被买卖，大多数生态系统服务属于公共品或准公共品，无法进入市场。

生态经济是遵循生态学原理发展形成的一种复合经济，是生态和经济的复合系统，其本质是把经济建立在生态环境可承受的基础上，实现经济发展和生态保护的双赢。生态经济学是研究生态系统与经济系统之间物质循环、能量流动和价值增值及其应用的科学，是从经济学角度来研究经济系统和生态系统所构成的复合系统的结构、功能及运动规律的科学。它通过研究自然生态和经济活动的相互作用，探索生态经济社会复合系统协调、持续发展的规律性，为资源保护、环境管理和经济发展提供理论依据。生态经济学理论适应了当今世界为解决资源合理开发、生态环境有效保护、经济合理发展和人与自然和谐相处的重大问题，宗旨在于探索生态、经济、社会协调发展的有效途径，为解决环境与发展问题提供科学的方法和理论依据。

“生态本身就是经济”就是要实现环境与经济的内在统一、相互促进和协调共生。保护生态环境就是实现自然价值和增值自然资本的过程；保护生态环境就是挖掘经济社会发展潜力和后劲的过程。把生态环境优势转化成经济社会发展优势，绿水青山就可以源源不断地带来金山银山。环境与经济关系的“时”，体现在三个发展阶段中。第一个阶段，用绿水青山去换金山银山，不考虑或很少考虑环境的承载力，一味索取资源。第二个阶段，既要金山银山也要保证绿水青山，这个时候经济发展资源匮乏、环境恶化之间的矛盾开始凸显。人们意识到环境是生存发展之根本，所以要留得青山在，才不怕没柴烧。第三个阶段，认识到绿水青山可以源源不断地带来金山银山，绿水青山本身就是金山银山，我们种的常青树就是摇钱树，生态优势将是经济优势，进而形成浑然一体、和谐统一的关系。“生态本身就是一种经济”，是适应经济高质量发展的必然要求，要不断通过绿色发展、循环发展、低碳发展推动取得更有质量、更有效益的发展成果。生态本身就是一种经济，还是增进民生福祉的重要方法。随着物质文化生活水平不断提高，城乡居民的需求也在升级，人们不仅关注“吃饱穿暖”，还增加了对良好生态环境的诉求。

第二节　路子对了就要坚定地走下去

2020 年 3 月 30 日，习近平总书记时隔 15 年再次来安吉考察，看到余村的变化，他十分欣慰地说，余村现在取得的成绩证明，绿色发展的路子是正确的，路子选对了就要坚持走下去。类似的话，总书记在很多地方都说过，2019 年 7 月，习近平总书记在内蒙古自治区考察时强调：“守好这方碧绿、这片蔚蓝、这份纯净，要坚定不移走生态优先、绿色发展之路，世世代代干下去，努力打造青山常在、绿水长流、空气常新的美丽中国。”2020 年 3 月 31 日，习近平总书记来到位于杭州市西部的西溪国家湿地公园，就西溪湿地保护利用情况进行考察调研，他强调要坚定不移把保护摆在第一位，尽最大努力保持湿地生态和水环境，要把保护好西湖和西溪湿地作为杭州城市发展和治理的鲜明导向，统筹好生产、生活、生态三大空间布局，在建设人与自然和谐相处、共生共荣的宜居城市方面创造更多经验。2020 年 4 月 20 日，习近平在位于秦岭山脉东段的牛背梁国家级自然保护区羚牛谷，了解秦岭生态环境保护情况，习近平总书记再次强调，“绿水青山既是自然财富，又是经济财富”。2020 年 5 月 11 日，习近平总书记在山西就生态环保和污染防治等情况考察，他强调要坚持山水林田湖草一体化保护和修复，把加强流域生态环境保护与推进能源革命、推行绿色生产生活方式、推动经济转型发展统筹起来，坚持治山、治水、治气、治城一体推进，持续用力。2021 年 4 月 25 日，习近平总书记在广西考察，他指出要坚持山水林田湖草沙系统治理，坚持正确的生态观、发展观，敬畏自然、顺应自然、保护自然，上下同心、齐抓共管，把保持山水生态的原真性和完整性作为一项重要工作，深入推进生态修复和环境污染治理，杜绝滥采乱挖，推动流域生态环境持续改善、生态系统持续优化、整体功能持续提升。2021 年 11 月 1 日，习近平总书记向《联合国气候变化框架公约》第二十六次缔约方大会世界领导人峰会发表书面致辞，总书记强调，当前，气候变化不利影响日益显现，全球行动紧迫性持续上升。中国秉持人与自然生命共同体理念，坚持走生态优先、绿色低碳发展道路。2022 年 4 月 11 日，习近平总书记来到五指山市的海南热带雨林国家公园五指山片区和水满乡毛纳村考察调研，他强调青山绿水、碧海蓝天是海南最强的优势和最大的本钱，是一笔既买不来也借不到的宝贵财富，要“像对待生命一样对待这一片海上绿洲和这一汪湛蓝海水，海南以生态立省，海南热带雨林国家公园建设是重中之重，要跳出海南看这项工作，视之为“国之大者”，充分认识对国家的战略意义，再接再厉把这项工作抓实抓好。

习近平总书记在多个调研场合强调的“路子对了”就是以生态文明思想为指导，贯彻新发展理念，以经济社会发展全面绿色转型为引领，以能源绿色低碳发展为关键，坚持走生态优先、绿色低碳的发展道路。那么，怎样才能走好生态优先、绿色低碳发展道路呢？首先，坚持绿色发展。良好的生态环境是最普惠的民生福祉。党的十九大明确提出，到 2035 年，生态环境质量实现根本好转，美丽中国目标基本实现。要坚持“取之有度，用之有节”，调整人的行为，纠正人的错误行为，从一味地利用自然、征服自然、改造自然向尊重自然、顺应自然、保护自然转变，改变长期以来“大量生产、大量消耗、大量排放”的生产模式和消费模式，把经济活动、人的行为限制在自然资源和生态环境能够承受的限度内，给自然生态留下休养生息的时间和空间，不断推进人与自然和谐共生的现代化，更好地满足人民日益增长的优美生态环境需要。其次，坚持循环发展。加快构建废旧物资循环利用体系，奋力实现经济社会发展和生态环境保护协调统一、相互促进。坚持转变经济发展模式，把循环发展作为生产生活方式绿色化的基本途径。着力于淘汰落后产能，坚持协同创新，开展循环经济技术、产品、人才、信息等领域的对接、交流、合作，推进钢铁、煤炭、化工等工业行业以及农村养殖业、旅游业、秸秆处置业等废渣、废水、废气的综合利用，不断激发循环发展新动能，提升资源利用率。打破资源约束瓶颈，开启全新发展空间，推进资源的全面节约和循环利用，降低能耗、物耗，建立资源节约型社会，促进经济可持续发展。最后，坚持低碳发展。习近平总书记指出，“中国将力争 2030 年前实现碳达峰、2060 年前实现碳中和，这需要付出艰苦努力，但我们会全力以赴”。这需要进一步激活企业主体科技创新的内生动力，从“要我创新”向“我要创新”转变，让企业真正成为强大的创新主体，更好地推进绿色低碳关键技术突破，推动生产方式向节能减碳转型。同时，也需持续提升各级政府抓绿色低碳发展的本领，充分发挥政府“有形之手”的引领推动作用，着力创新制度和政策供给，完善激励引导、监督考核等各项机制，推动国民经济向绿色低碳转型，推动经济又好又快发展。生态兴则文明兴，坚定不移走生产发展、生活富裕、生态良好的文明发展道路，打造青山常在、绿水长流、空气常新的美丽中国。

第三节 选择有条件的地方开展生态产品价值实现试点

在生态文明建设的大背景下，如何实现生态环境保护和经济协调发展，是一个全新的课题，而生态产品价值实现机制则是其中的重要一环。探索生态产品价值实现机制，是“绿水青山就是金山银山”的理念转化为实践的重要路径。党中央、国务院高度重视生态产品价值实现机制建设。2010 年 12 月，国务院印发的《全国主体功能区规划》首次提出“生态产品”。2012 年 11 月，党的十八大明确要求“实施重大生态修复工程，增强生态产品生产能力”。2015 年 9 月，中共中央政治局审议通过了《生态文明体制改革总体方案》。2017 年，中共中央办公厅、国务院办公厅印发了《关于完善主体功能区战略和制度的若干意见》，明确在浙江、江西、贵州、青海四省开展生态产品价值实现机制试点。2018 年 4 月，习近平总书记在深入推动长江经济带发展座谈会上明确指出“积极探索推广绿水青山转化为金山银山的路径，选择具备条件的地区开展生态产品价值实现机制试点，探索政府主导、企业和社会各界参与、市场化运作、可持续的生态产品价值实现路径”。2019 年 8 月，习近平总书记在中央财经委员会第五次会议上提出“在长江流域开展生态产品价值实现机制试点”。2020 年 10 月，《中共中央关于制定国民经济和社会发展第十四个五年规划和二〇三五年远景目标的建议》明确提出“建立生态产品价值实现机制”。2020 年，习近平总书记在全面推动长江经济带发展座谈会上指出，要加快建立生态产品价值实现机制，让保护修复生态环境获得合理回报，让破坏生态环境付出相应代价。2021 年 2 月，习近平总书记主持召开中央全面深化改革委员会第十八次会议并发表重要讲话强调“建立生态产品价值实现机制关键是要构建绿水青山转化为金山银山的政策制度体系”“推进生态产业化和产业生态化”。

生态环境部、发展改革委、自然资源部等部委根据职责分工，积极推动生态产品价值实现机制落地实施。生态环境部以创建国家生态文明建设示范市县和“两山”实践创新基地为载体，积极推进重点生态功能区、生态保护红线、自然保护地等生态功能重要区域生态保护补偿，探索生态产品价值转化通道。截至 2019 年年底，生态环境部分三批共命名了 175 个国家生态文明建设示范市县和 52 个“两山”实践创新基地。国家发展改革委将生态产品价值实现作为实现区域高质量发展的重要手段之一，印发《关于培育发展现代化都市圈的指导意见》和《关于开展国家城乡融合发展试验区工作的通知》，明确提出“建立生态产品价值实现机制”，统领全国开展生态产品价值实现机制的探索。2020 年 4 月，自然资源部印发《生态产品价值实现典型案例》（第一批），提出促进生态产品价值实现 5 个关键环节，即坚持规划引领，科学合理布局；管控创造需求，培育交易市场；清晰界定产权，促进产权流转；发展生态产业，激发市场活力；制定支持政策，实现价值“外溢”，并推荐了 11 个典型案例；为进一步推进生态产品价值实现机制的理论和实践探索，发挥典型案例的示范作用和指导意义，自然资源部办公厅 2021 年 11 月印发《关于生态产品价值实现典型案例的通知》（第二批），向各地推荐了 10 个生态产品价值实现典型案例。

从省域层面看，2016 年以来，国家在福建、海南等地开展生态产品价值实现先行区、试验区建设，在贵州、浙江、江西、青海四省开展生态产品市场化先行试点工作，健全和完善生态产品价值实现机制已成为新时代推进生态文明建设的重要内容。2017 年以来，浙江、江西、贵州、青海、福建、海南先后被列为国家生态产品价值实现机制试点（试验区），以生态环境质量持续改善和民生质量、保障水平显著提高为主要目标，在探索建立科学合理的生态产品价值核算评估体系的基础上探索建立政府主导、企业和社会各界参与、市场化运作、可持续的生态产品价值实现路径。浙江作为“绿水青山就是金山银山”理念的发源地和“两山”转化的先行地，多年来，始终坚持以“八八战略”为总纲，深入践行“绿水青山就是金山银山”理念，坚持生态优先、绿色发展、改革驱动，在丽水、衢州、安吉等地开展试点的基础上，全面深化“两山”转化改革，以生态省、美丽浙江、“诗画浙江”大花园建设等为抓手，努力打造生态文明建设“重要窗口”，生态省建设试点率先通过生态环境部验收，在实践中探索形成了一系列具有地方特色的做法和经验，打造了生态产品价值实现的浙江样本。在生态建设方面，建立了生态资产长效保护机制，强化了生态保护和管控，深化了生态环境治理；在拓展价值实现路径方面，构建了生态产业化经营机制，充分发挥了生态系统优势转化功能、生态系统产业支撑功能和生态系统文化服务功能；在建立生态产权题词方面，建立了生态补偿和市场交易机制，开展了自然资源产权制度改革，完善了生态补偿机制，推动了生态产品产权交易和流转；在量化管理方面，探索开展了生态产品价值核算估算机制，建立了生态文明评价考评机制，健全了生态产品价值核算和考评机制。福建省先行先试探索开展生态系统价值核算试点，武夷山市、厦门市两个试点区域均已形成生态系统生产总值（GEP）核算报告等阶段性成果，武夷山市作为国家公园体制试点区和重要生态功能区，以水源涵养、水土保持和生物多样性维护等山区特征为基础，形成9个一级指标、18个二级指标的核算体系，构建以森林、湿地、农田等典型山区生态系统为核心，以生态产品流转为重点的“山区样板”；厦门市作为海湾城市和海上花园城市，突出滨海地区特征，形成6个功能类别、13个一级指标、13个二级指标的陆地生态系统和4个功能类别、6个一级指标、8个二级指标的海洋生态系统核算体系，构建以水、海洋、土地、生物、林木等典型沿海生态资源体系为核心，以促进绿色发展为重点的“沿海样板”。贵州省率先推动生态产品价值实现行动，将生态产品价值实现与打赢脱贫攻坚战深度融合，探索出生态扶贫、绿色共建共享、生态文化培育等机制，在生态产品“度量难、交易难、变现难、抵押难”等四个方面取得新突破。贵州省在开展自然资源确权登记的基础上，摸清生态产品数量质量等底数，编制形成生态产品目录清单，并开展实时动态跟踪和监测，在赤水、大方、江口、雷山、都匀5个省级生态产品价值实现机制试点县（市）建设的基础上，制订5个省级生态产品价值实现机制试点实施方案，修订贵州省生态系统生产总值（GEP）核算技术规范，率先在生态产品“度量难”上取得新突破；贵州提出深化生态产品价值实现机制探索，整合现有交易场所设立贵州省生态产品交易中心，定期举办生态产品推介博览会，打造全域协同、全流程覆盖的生态产品市场交易服务体系，力争把赤水河流域打造成全国生态产品价值实现示范区，率先在生态产品“交易难”上取得新突破；贵州鼓励地方政府在依法依规前提下，统筹生态领域转移支付资金，通过设立市场化发展基金等方式，支持基于生态环境系统性保护修复的生态产品价值实现工程建设，提出推动省级财政参照生态产品总值核算结果，完善重点生态功能区转移支付资金分配机制，率先在生态产品“变现难”上取得新突破；贵州提出鼓励具备条件的地区借鉴国有土地使用权出让管理做法，探索生态产品经营开发区域使用权出让管理机制，率先在生态产品“抵押难”上取得新突破。

从市域层面看，在推进生态产品价值实现的过程中，部分地方配套建立了自然资源资产产权、生态产品政府采购、生态产品交易市场培育、生态产品质量认证、绿色金融服务、绩效评价考核和责任追究等制度体系，以制度供给有效保障生态产品价值实现。浙江省丽水市是生态大市，习近平同志主政浙江期间，对丽水的生态文明建设寄予厚望，2006 年在丽水调研时提出了“绿水青山就是金山银山，对丽水来说尤为如此”的重要嘱托。2019 年 1 月，浙江省丽水市获批开展全国首个生态产品价值实现机制试点。试点以来，丽水市坚持需求导向和问题导向，聚焦聚力破解“四难”，率先破题“三贷一卡一行一站”，构建以 GEP 核算为基础、以服务创新为依托、以风险把控为保障的绿色金融体系，着力打通把绿水青山转化为金山银山的金融通道，探索形成了信贷服务、信用服务、支付服务、金融科技服务等金融支持生态产品价值实现金融赋值的“丽水模式”。江西抚州市作为 2019 年国家生态产品价值实现机制试点城市，以机制体制改革创新为核心，积极探索“绿水青山”向“金山银山”转化之路，在破解生态产品确权、核算、评估、交易等方面积极探索，在绿色金融创新、价值转换路径、制度支撑体系构建、绿色生活环境营造等方面主动作为，走出一条政府主导、企业和社会参与、市场化运作、可持续的生态产品价值实现路径。湖北省鄂州市近年来坚持生态优先、绿色发展，以湖北省首批自然资源资产负债表和领导干部自然资源资产离任审计试点为契机，在全国率先建立生态产品价值实现机制，系统化地设计并实施“生态价值工程”，从编制自然资源资产负债表入手，开展生态价值计量、生态资产融资、生态权益交易、生态价值目标考核等一系列实践探索和制度设计，围绕科学评估核算生态产品价值、培育生态产品交易市场、创新生态产品资本化运作模式、建立制度保障体系等方面进行探索实践，初步探索出一条政府主导、企业和社会各界参与、市场化运作，实现生态发展、绿色发展的有效路径，初步形成了生态价值核算和生态补偿的“鄂州模式”，取得了良好成效。

从县域层面看，构建“政府主导、企业和社会各界参与、市场化运作、可持续”的生态产品价值实现机制，取得了积极成效，形成了一批典型做法，为推进生态产品价值实现机制的实践探索，发挥典型案例的示范和指导作用。浙江省安吉县是“绿水青山就是金山银山”理念的诞生地，安吉县围绕科学评估核算生态产品价值、培育生态产品交易市场、创新生态产品资本化运作模式、建立政策制度保障体系等方面开展先行先试，率先建立县域“两山银行”，探索政府主导、企业和社会各界参与、市场化运作、可持续的生态产品价值实现路径，率先成为生态产品的标准制定者和价值评估者，生态产品种类不断多样，生态服务价值不断提高。深圳盐田区首创“城市生态系统生产总值考核体系及运用”，以“城市 GEP”为突破口、积极探索“美丽中国”建设的量化路径，通过对“绿水青山”的生态产品价值核算，为价值实现奠定基础。“城市 GEP”核算体系包含三级指标，其中，一级指标 2 个，即“自然生态系统价值”和“人居环境生态系统价值”；二级指标 11 个，包括生态产品、生态调节、生态文化、大气环境维持与改善、水环境维持与改善、土壤环境维持与改善、生态环境维持与改善、声环境价值、合理处理固废、节能减排、环境健康；三级指标 28 个，包括直接可为人类利用的食物、木材、水资源等价值，间接提供的水土保持、固碳产氧、净化大气等生态调节功能以及源于生态景观美学的文化服务功能，水、气、声、渣、碳减排、污染物减排等。2015 年深圳市盐田区凭借“首创‘城市 GEP’（城市生态系统生产总值）考核体系及运用”荣获“中国政府创新最佳实践奖”。江西资溪县聚焦“作示范、勇争先”的目标定位，着力“做特三大平台”，力争生态产品价值实现机制试点工作在全省乃至全国位居前列。一是建立资溪县生态产业大数据平台，加快生态产业协会建设，整合壮大全县生态产业体系，通过政策激励引导，为生态产业协会会员企业提供便捷高效的金融服务，提升“两山”转化中心平台功能；二是以“两山学院”为基础，深化院校合作，借助南昌大学、江西经济管理干部学院等高等院校的力量，完善配套设施，开发“两山”系列课程，打造生态文明建设精品课程，积极争创江西省提升现场教学点，组建专业教师队伍及培育管理团队，打造“两山”理论实践创新平台；三是对标国家“双碳”目标，积极争取全省首批碳达峰试点城市，健全“抚州（资溪）碳中和实践创新中心”工作机制，联合各共建单位，科学有序地推进各类碳排放核算，推动碳排放核算、碳达峰实施标准化、规范化，开展碳中和示范点的盘查量化和核查审定，打造一批具有特色的“碳中和”试点示范项目，打造“双碳”路径实践创新平台。

参考文献

[1] 蔡晓明:《生态系统生态学》，科学出版社 2000 年版。

[2] 严茂超:《生态经济学新论：理论、方法与应用》，中国致公出版社 2001 年版。

[3] 赫尔曼·E. 戴利，乔舒亚·法利:《生态经济学：原理与应用》，黄河水利出版社 2007 年版。

[4] 周冯琦:《生态经济学理论前沿》，上海社会科学院出版社 2016 年版。

[5] 赫尔曼·E. 达利，小约翰·B. 柯布:《21 世纪生态经济学》，中央编译出版社 2015 年版。

[6] 国家发展改革委:《国家发展改革委印发〈关于培育发展现代化都市圈的指导意见〉》,《城市交通》2019 年第 2 期。

[7] 国家发展改革委、中央农村工作领导小组办公室、农业农村部等:《关于开展国家城乡融合发展试验区工作的通知 发改规划[2019] 1947 号》,《自然资源通讯》2020 年第 2 期。

[8] 方敏:《生态产品价值实现的浙江模式和经验》,《环境保护》2020 年第 14 期。

[9] 夏宝龙:《照着“绿水青山就是金山银山”的路子走下去》,《政策瞭望》2015 年第 3 期。

[10] 潘文革:《承诺沿着“两山”道路坚定走下去》,《今日浙江》2017 年第 9 期。

[11]《走好生态优先绿色发展的新路》，新华网，2021 年 7 月 26 日，http：//www.xinhuanet.com/politics/2021-07/26/c_ 1127695525. htm。

第二章

生态产品价值实现的理论和政策

◇第一节　生态产品与生态产品价值实现

生态产品价值实现是中国生态文明建设的理论创新和实践创造。2010年12月，国务院印发的《全国主体功能区规划》中，首次从国家政策层面提出生态产品概念并对其内涵和外延进行了解释性说明，认为生态产品是维系生态安全、保障生态调节功能、提供良好人居环境的自然要素，如清新的空气、清洁的水源、宜人的气候等。2012年11月，十八大报告首次提出要“增强生态产品生产能力”。2015年9月，《生态文明体制改革总体方案》中提出“树立自然价值和自然资本理念，自然生态是有价值的”。2015年12月，《中共中央 国务院关于加快推进生态文明建设的意见》提出“良好生态环境是最公平的公共产品，是最普惠的民生福祉”。2016年8月，中共中央办公厅、国务院办公厅下发《关于设立统一规范的国家生态文明试验区的意见》，提出“探索建立不同发展阶段环境外部成本内部化的绿色发展机制”“为企业、群众提供更多更好的生态产品”，建立健全生态产品价值的实现机制，并率先在贵州、浙江、江西和青海四省开展生态产品市场化先行试点工作，随后福建、海南两省分别被列为生态产品价值实现的先行区、试验区，推行生态产品市场化改革，探索生态产品价值充分体现，绿水青山生态产品价值转化为金山银山的发展路径。2017 年 1 月，国务院印发的《全国国土规划纲要（2016—2030年）》提出“建立健全国土空间开发保护和用途管制制度，全面实行自然资源资产有偿使用制度和生态保护补偿制度，将资源消耗、环境损害、生态效益纳入经济社会发展评价体系”。2017 年 10 月，党的十九大报告中对生态产品的要求进一步深化，明确提出“既要创造更多的物质财富和精神财富，也要提供更多优质生态产品以满足人民日益增长的优美生态环境的需要”。2018 年 4 月，习近平在深入推动长江经济带发展座谈会上强调指出：“选择具备条件的地区开展生态产品价值实现机制试点，探索‘政府主导、企业和社会各界参与、市场化运作、可持续’的生态价值实现路径。”2018 年 5 月，习近平总书记在全国生态环境保护会议上强调，“要加快建立健全‘以产业生态化和生态产业化为主体的生态经济体系’”。2019 年 5 月，中共中央、国务院发布的《关于建立健全城乡融合发展体制机制和政策体系的意见》中进一步提出“探索生态产品价值实现机制”改革事项。2019 年 6 月，中共中央办公厅、国务院办公厅印发《关于建立以国家公园为主体的自然保护地体系的指导意见》，提出“提升生态产品供给能力，维护国家生态安全，为建设美丽中国、实现中华民族永续发展提供生态支撑”。以上党和国家的这些决策部署，顺应生态文明建设体系的新时代，使生态产品价值实现从“大写意”到“工笔”，不断深化改革与管理体制机制创新有机结合，为今后一个时期自然生态空间管理明确了指针。尤其随之向纵深推进生态产品价值实现“高频率”细化政策陆续出台，一系列部署要求措施逐步落地，立柱架梁，对承载发展的生态产品要素形成了有效的正向激励机制，充分体现出我国生态文明建设的重大变革，也是我国生态文明管理制度改革的一个重要方向，即国家对自然资源由实物占有逐步向价值占有的转变，也蕴含着从所有到利用的转变。换言之，就是国家不仅对自然资源所有权固守在对实物形态的拥有，同时也更加注重对价值形态的持有。因此，健全生态产品价值实现机制、探索优质生态产品供给问题，是新时代生态文明建设作出的重要政策方略，更彰显了新时代生态文明建设制度安排的关键所在。

一 生态产品

（一）狭义生态产品

目前，学术界对狭义的生态产品概念尚有争议，有一种观点认为，生态产品是由生态系统所提供的产品。生态产品种类繁多、属性特征差异巨大，根据国务院 2011 年印发的《全国主体功能区划》指出："人类需求既包括对农产品、工业品和服务产品的需求，也包括对清新空气、清洁水源、宜人气候等生态产品的需求，将生态产品视为和工业品、服务产品同等的需求品"，据此，有学者认为狭义的生态产品指人类需要的清新空气、清洁水源、宜人的气候等自然要素。

（二）广义生态产品

与狭义的生态产品概念相比，广义的生态产品可以理解为某区域生态系统所提供的产品和服务的总称。生态产品价值可以定义为区域生态系统为人类生产生活所提供的最终产品与服务价值的总和。考虑到现阶段生态产品价值实现和增加生态产品供给的现实要求，不论是水源、空气等自然要素产品，还是范围更广的生态系统服务，其形式都难以通过市场交易实现其价值。有学者提出将生态产品概念用一个连续的模型来表示，包含了自然要素产品、生态系统服务和生态设计产品以及生态标签产品等生态产品。也有学者生态产品应包括人类付出劳动参与生产的产品，具体包括融入了生态设计的产品、生态标签产品，如生态农产品，有机食品等，此时生态产品被解读为通过生态化、绿色化的行动来提供相应的产品。

（三）生态产品的特征

虽然学术界关于生态产品的概念尚不一致，但有关生态产品内涵的认识却基本相同。学者们对生态产品归纳的共同特征主要有以下几点：（1）公共物品性。由于生态产品具有非竞用性和非排他性，因此学者们都倾向于生态产品是一种公共物品。（2）整体性。整体性主要表现在产品提供方面，即生态产品提供往往是对某一区域内的所有人同时提供，因此往往会涉及经济学上的外部性。（3）地域性。即生态产品往往是在某一个具体区域内发挥作用，也有学者将该特征归为范围优先性。（4）价值多维性。生态产品价值属性多样，体现在经济、文化、生活各个方面，既有使用价值也有非使用价值，既有经济价值也有非经济价值。（5）难以计量和分割性。由于空气、宜人环境、良好的气候等消费都是自由公开的，难以像物质商品那样能计量和分割。

（四）相关概念辨析

在生态领域与生态产品相关的概念还有生态资源资产、生态标签产品、生态服务系统、环境产品等等，需要加以区分（见表2-1）：

表 2-1　生态产品与相关概念比较

相关概念	概念解读	构成内容	与生态产品的比较
生态资源资产	指生物生产性土地及其提供的生态系统服务和产品。是自然资源的重要组成部分，具有稀缺性和产权明确特点	包括森林、湿地、土地等生态系统类型及其附着的各种生物资源、环境资源等生态系统所存在的载体	生态资源资产强调产权的明确性和稀缺性，其概念内涵小于生态产品。部分生态产品如清新空气、良好气候等自然要素由于不具稀缺性并且也难以确权，因而不属于生态资源资产，而另外一些生态资源资产如生态系统所提供的一些供给服务和调节服务则与生态产品相似
生态标签产品	被贴上“生态标签”的产品，以此告知消费者此类产品拥有较好的“生态质量”。具体划分要依据不同国家的认证体系	我国主要认证的生态标签产品主要有：可再生回收利用类、改善区域环境质量类、改善居室环境质量、保护人体健康、节约能源资源类	国内早期生态产品同生态标签概念十分接近，指基于生态设计或生态研发的低碳、环保、节约资源的产品，然而这些产品很多时候也被称为环境友好型产品。在将生态产品看成清新空气等自然要素时，生态标签产品是以这类生态产品为生产要素而生产出来的。还有部分生态标签产品如生态农产品和生态服务产品则与供给服务类、文化服务类生态产品相似
生态系统服务	指由生态系统与生态过程所形成及维持的人类赖以生存的自然环境条件和效用	从功能角度来分生态系统服务可分为供给服务、调节服务、文化服务和支持服务	在生态系统服务概念中，人类与生态系统两个系统相独立。生态产品则很多是通过人的劳动而成为人类社会的一种经济产品，并且在某些情况下，生态系统通过部分生态系统服务（如固碳释氧产生清新空气）来生产生态产品，即此时两者体现为过程和结果的关系
环境产品	对环境中水、空气和土壤的破坏，以及有关废弃物、噪声和生态系统问题提供测量、防治、限制，使之最小化的产品	大致分为两类：一是用于提供环境服务的工业生产品如处理空气、土地污染的产品；二是包含消费品在内的环境友好产品	第一类环境产品与生态产品并无联系，是在其使用过程中体现环境产品性质而本身并不具有环境友好特性；第二类环境产品是在生产流程上注重环境影响，这与部分生态产品如生态农产品和生态文化服务类消费品概念具有相似之处，但是环境产品界定也要考虑环境税的影响（从而进出口贸易），所以第二类环境产品与生态产品概念存在部分重叠

二　生态产品价值

（一）生态产品价值的含义

生态产品价值根据不同的维度有不同的属性分析。如根据产品的公共性或私有性，可将其划分为三类：一是具有排他性的私人生态产品，如私人企业或个人生产的生态农产品、工业品、服务品等，该类产品的产权清晰，具有完全排他性。二是具有非排他性的公共生态产品，如非私人所有的森林、湿地、河流等，该类产品具有非竞争性、产权不清晰，或产权归国家所有，大多数人可以享受到生态福祉。三是准公共生态产品，该类产品涉及多个利益主体。生态产品还可以根据价值涉及的领域，基于二分法可分为经济价值和服务价值两种属性，如图 2-1 所示，经济价值体现的是生态产品能给人类社会带来可以感官的实物产品价值和经济利益。服务价值主要体现的是由生态服务所带来的精神价值，如生态价值、社会价值、伦理价值、文化价值等。其中一种价值的实现可能会影响另一种价值的实现。在计量上，生态产品的经济价值可以用货币进行计量，而服务价值特别是生态价值、伦理价值、文化价值等难以计算并用货币的形式表现出来，尽管目前有些价值可以通过一定数学模型或工具进行测算，但与经济价值测算相比，难度较大，有的可能因不同的测量标准导致计量结果有差异。

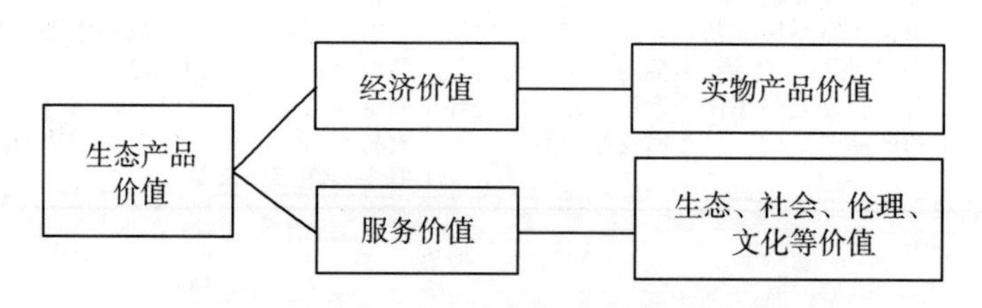

图 2-1　基于二分法的生态产品价值属性

也有学者从更广泛的多维度对生态产品属性进行分类，如廖茂林等基于产品供给、消费特征、表现形态以及人类文明演化的视角，对生态产品的属性以及分类特征进行阐述。如表 2-2 所示，基于产品供给的视角，生态产品分为自然要素生态产品、自然属性生态产品、生态衍生品、生态标识产品；基于产品需求视角，可将其分为生态公共产品、生态私人产品以及生态准公共产品等；基于表现形态以及功能视角，生态产品可以分为生态物质产品、生态文化服务以及生态调节服务等。这一研究成果将生态产品属性进行了较为清晰的界定与阐释，北京生态产品的价值实现应依据不同的属性进行价值分析，并构建有效的价值实现机制与路径。

表 2–2　生态产品价值属性及其分类

分类	特征	属性
自然要素生态产品	生态系统中未经过人加工的自然存在的生态产品，并在一定区域不存在稀缺性，如干净的空气、清洁的水源、无污染的土壤、茂盛的森林和适宜的气候等系统性服务。	产品供给属性
自然属性生态产品	非人类生产但有一定的稀缺属性，具有物质产品与文化产品的双重属性。	
生态衍生产品	经过人类生产的自然生态产品，具有一定交换价值，如人工林、林下中草药、禽畜养殖等。	
生态标识产品	完全由人类生产，通过生态中性认证的产品，如生态农业产品、生态工业产品等。	
生态公共产品	具有非排他性、非竞争性的生态公共产品。如气候调节、水土涵养、清洁的空气、干净的土壤等。	产品需求属性
生态私人产品	经过私人生产投入所形成的具有排他性、竞争性的生态产品，如林下经济产品、生态旅游产品等。	
生态准公共产品	具有有限排他性、竞争性、准公共性的生态产品，如一定流域的水资源、碳排放权等生态产权市场以及具有俱乐部属性的土地经营权、集体林权等。	
生态物质产品	自然生态系统本身提供的生态产品，如空气、水源、森林、土壤、草原等，人类劳动投入生产的绿色农产品、工艺品、旅游产品等物质产品。	表现形态与功能属性
生态文化服务	满足人类精神层面需要的文化服务，如生态旅游、美学体验以及艺术价值。	
生态调节服务	生态系统服务，如防风固沙、涵养水源、气候调节等。	

（二）生态产品价值的构成

根据生态产品价值的理论基础可知，生态产品的价值主要来源于生产劳动、边际效用以及供求关系等。随着现代经济的不断发展，生态产品的劳动与生产方式呈现多样化的发展形态，加之生态产品本身的具体类型具有多样性，因而生态产品的价值构成也是复杂多变的。为了便于对生态产品的价值进行评估与测度，一般情况下需要对生态产品的价值进行划分。

生态产品的价值不一定都能够实现，学术界对于价值的分类有着不同的观点。张林波等拓展了马克思劳动价值论中的劳动与生产理论，认为公共性生产产品的价值离不开人们的保护，因此应将生态建设、人类对自然生态系统的经营管理以及保护生态放弃发展纳入生态框架中，生态产品的价值均来源于生物生产和人类劳动（见下图）。

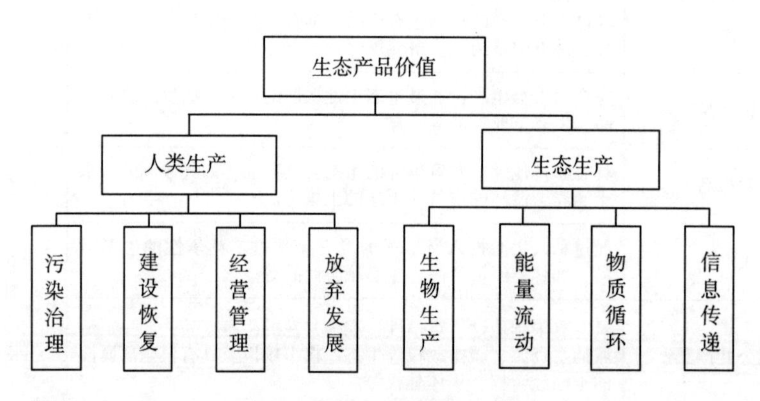

图 2-2　生态产品价值的构成

对生态产品的价值构成进行分析是为了更为全面地评估生态产品，在增加生态产品供给的同时，促进社会的福利。从这一角度来看，生态产品价值主要包括生态资本价值、产品使用价值、政绩激励价值、刺激就业价值等。

（三）生态产品价值的评估

根据不同的评估目标和数据条件，可以采用不同的评估方法。常用的评估方法有以下几种：市场价格法：适用于具有市场价格或可替代市场价格的生态物质产品，如食物、木材、水资源等，其评估方法是将生态物质产品的产量乘以市场价格或替代价格；替代成本法：适用于没有市场价格或难以确定市场价格的调节服务产品，如涵养水源、净化环境、防风固沙等，其评估方法是将恢复或替代该调节服务所需的成本作为其价值；旅游支出法：适用于具有旅游吸引力的文化服务产品，如自然景观、自然体验等，其评估方法是将游客在旅游过程中所支出的费用作为其价值；愿意支付法：适用于没有市场价格或难以确定市场价格的文化服务产品，如精神健康、自然教育等，其评估方法是通过问卷调查等方式获取人们对该文化服务所愿意支付或接受的金额作为其价值。

根据不同类型和功能的生态产品，可以选择合适的评估方法进行价值核算。例如，对于森林生态系统提供的木材、果实等供给服务，可以采用市场价格法或替代成本法进行评估；对于森林生态系统提供的水源涵养、土壤保持等调节服务，可以采用规避行为法或享乐价格法进行评估；对于森林生态系统提供的游憩、教育等文化服务，可以采用旅行费用法或欧元计划法进行评估；对于森林生态系统提供的养分循环、基因库等支持服务，可以采用替代成本法或意愿支付法进行评估。

在进行生态产品价值评估时，需要注意以下几点：一是要遵循科学性、客观性、可操作性和可比较性等原则，选择合理的评估方法和数据来源，避免主观臆断和数据失真；二是要考虑不同地区、时间和人群对生态产品的需求和偏好差异，进行动态和分区域的评估，避免一刀切和静止观察；三是要综合考虑不同类型和层次的生态产品之间的相互作用和影响，进行系统和全面的评估，避免重复计算和遗漏计算；四是要根据不同目的和对象选择合适的评估结果表达方式，进行有效和有针性的措施。

三　生态产品价值实现

（一）生态产品价值实现的核心要义

生态产品价值实现是指将生态系统为人类提供的物质和服务转化为经济收益的过程，是贯彻绿水青山就是金山银山理念的关键路径。生态产品价值实现的理论内涵和经济学机制主要包括以下几个方面：生态产品是指在不损害生态系统稳定性和完整性的前提下，生态系统为人类生产生活所提供的物质和服务，主要包括物质产品供给、生态调节服务、生态文化服务等。生态产品价值是指区域生态系统为人类生产生活所提供的最终产品与服务价值的总和，包括消费性直接使用价值、消费性间接使用价值、非消费性直接使用价值、非消费性间接使用价值、存在价值和遗赠价值等。生态产品具有外部性、不可分割性、定价取决于质量等经济学特性，导致其市场化程度低、难以变现、难以保护等问题，需要通过公共治理和制度创新来解决。生态产品价值实现的主要路径可以概括为生态产品经营开发和生态产品保护补偿两大类，对应了市场化和政府主导两方面，其中生态产品经营开发又包含了发展生态产业和开展生态资源权益市场交易两种实现方式。生态产品价值实现需要建立一套科学合理的制度框架，包括生态产品调查监测机制、生态产品价值评价机制、生态产品经营开发机制、生态保护补偿机制、生态环境损害赔偿机制[1]等。

（二）生态产品价值实现的实践回顾

在理论研究的同时，我国生态产品价值实现的政策实践也在展开，从2010年在国家发布的政策文件中首次出现生态产品概念开始，至今不过10年左右的时间，但随着人与自然矛盾的日益突出，国家生态文明建设的持续推进，催生着探索生态产品价值实现的现实需求的不断攀升，实践工作发展迅速，政府始终是生态产品价值实现的积极倡导者、参与者。概括起来，我国的生态产品价值实现大致可以划分为萌芽起步阶段、努力探索阶段、全面发力阶段。

1. 萌芽起步阶段（1980年左右至2010年）

这一阶段我国开始重视生态环境保护和生态产品开发利用，出台了一系列法律法规和政策措施，建立了一些生态补偿和生态修复项目，探索了一些生态产业化经营的模式，如生态农业、生态旅游、生态林业等。1980年代，我国开始实施退耕还林、退牧还草、植树造林等工程，以恢复退化的土地资源和生物多样性，提高森林覆盖率和草原质量。1990年代，我国开始制定《中华人民共和国环境保护法》《中华人民共和国水污染防治法》《中华人民共和国大气污染防治法》《中华人民共和国固体废物污染环境防治法》等法律法规，以规范各类污染物的排放和处理，保护水资源、空气质量和土壤健康。2000年代，我国开始实施天然林保护工程、退耕还林工程、西部大开发战略等重大战略性工程，以保护重要的生态功能区和生态安全屏障，促进区域协调发展和民族团结进步。2010年代，我国开始实施国家重点生态功能区划定与保护、重点流域水环境综合治理、京津冀协同发

① 陆小成：《新发展阶段北京生态产品价值实现路径研究》。

展等重大战略性举措，以建立健全生态文明制度体系，推进绿色发展、循环发展、低碳发展。但是，这一阶段的生态产品价值实现还缺乏统一的理论指导和制度框架，主要依靠政府主导和行政手段，市场机制和社会参与不够充分，生态产品价值核算和评价方法不够科学和规范。

2. 努力探索阶段（2010—2020年）

在这个阶段，我国深入贯彻习近平生态文明思想，加快推进生态文明建设，制定了一系列生态产品价值实现的顶层设计和制度安排，开展了多个试点示范和典型案例，积累了丰富的经验和成效。2010年，国务院印发的《全国主体功能区规划》首次提出了生态产品的概念。2012年，党的十八大报告中提出要实施重大生态修复工程，增强生态产品生产能力。在这一阶段，生态产品价值实现的政策实践尚处于探索阶段，首次提出了生态产品的概念，并指出生态产品对维持可持续发展的重要意义，也强调了持续增加生态产品供给，提升生态环境质量。2016年，在国家生态文明试验区（福建）实施方案中，提出福建要建设生态产品价值实现的先行区，首次在国家级文件中提出了生态产品价值实现概念；2017年，中共中央国务院出台了关于完善主体功能区战略和制度的若干意见，要求建立健全生态产品价值实现机制；同年，党的十九大报告也提出要提供更多优质生态产品以满足人民日益增长的优美生态环境需要；2018年，在深入推动长江经济带发展座谈会上，习近平总书记明确提出要探索政府主导、企业和社会各界参与、市场化运作、可持续的生态产品价值实现路径，明晰生态产品价值实现的多元参与主体；2019年，中央财经委员会第五次会议提出要在长江流域开展生态产品价值实现机制试点。

3. 全面发力阶段（2020 年至今）

2020 年，习近平总书记在全面推动长江经济带发展座谈会上的讲话中，指出要加快建立生态产品价值实现机制，让保护修复生态环境获得合理回报，让破坏生态环境付出相应代价。2021 年，中办、国办出台了关于建立健全生态产品价值实现机制的意见，提出要建立利益导向机制，探索生态产品价值实现路径，推进生态产业化和产业生态化，构建完善的生态产品价值实现机制，为实现美丽中国建设目标提供有力支撑。同时，国家“十四五”规划纲要，也提出了要建立生态产品价值实现机制。

2020 年以来，国家对于生态产品价值实现问题关注程度明显增强，出台了完善的政策意见，在生态产品调查监测、价值评价、经营开发、保护补偿、保障机制等方面均予以阐述说明，系统阐述了生态产品价值实现的主要内容和内在逻辑，从政策层面保障了生态产品价值的顺利实现。相关的行政部门也在进行各自领域的生态产品价值实现工作，如自然资源部在 2021 年启动了自然资源领域的生态产品价值实现试点工作，意在增加生态产品供给，从自然资源层面理顺生态产品价值实现机制，促进人与自然的和谐共生。可以预见，在双碳目标牵引下，未来的 5。

第二节　生态产品价值实现的理论逻辑

一　生态产品价值实现的理论基础

生态产品价值实现不仅是绿色发展的内在要求，更是打开“两山”转化通道的现实路径，核心要义是通过有意识有目的地开展绿色生产活动，让“绿水青山”蕴含的生态产品价值转化为“金山银山”，其实质是人与自然之间的物质变换与价值传递。必须看到的是，受生态规律和经济规律的影响，生态产品价值实现不是将“绿水青山”全部变现，而是在维持生态系统的稳定和平衡的前提下，通过“产业生态化、生态产业化”将生态系统服务“盈余”和“增量”转化为经济财富和社会福利，以此促进 GEP 与 GDP 之间双转化、双增长、可循环、可持续，进而构建起高质量绿色发展的现代化生态经济体系。

（一）商品价值理论

马克思指出，人类劳动是价值的源泉，当人类劳动凝结在商品中，就形成了商品的价值。而空气、阳光、原始森林、自然湿地等自然产品虽然具有使用价值，但由于它们不是由人类劳动产生的，因此不具有价值。在马克思时代，自然资源仍然被认为是无价值的，这在很大程度上是由于环境问题尚未显现，因此无法将自然产品列入商品的范畴。马克思认为，自然资源应该被看作是生产资料的一种，而不是作为商品的一部分。因此，他将自然资源排除在商品范畴之外，将它们作为一种免费资源，以便满足社会的生活需要。商品价值理论认为，商品是使用价值和价值的统一体，使用价值是商品满足人们需要的有用性，价值是商品所包含的一般人类劳动。商品的价值取决于生产商品所需要的社会必要劳动时间，而不是取决于商品的使用价值或者供求关系。商品交换要以价值量为基础，实行等价交换。

生态产品作为一种特殊的商品，也具有使用价值和价值的二重性。然而，由于生态产品往往具有公共物品或公共资源的属性，它们在市场上很难形成价格，也就是说，它们缺乏交换价值。这就导致了生态产品供需之间的失衡和失灵，造成了生态资源的过度开发和破坏，以及生态环境保护者和使用者之间的利益冲突和不公平。因此，如何将生态产品的使用价值转化为交换价值，并在市场上得到合理分配和有效配置，就成为了一个亟待解决的问题。

（二）产权理论

产权理论是研究资源配置和交易行为的一种经济学理论，它认为产权是对资源使用、收益和转让的一种规范安排，产权的划分、保护和流转对资源利用效率和社会福利有重要影响。产权理论可以用来分析生态产品的经济特性、外部性问题、市场失灵原因和政府干预方式。

首先，从经济特性来看，生态产品部分属于公共产品，部分属于公共资源。公共产品是指非排他性和非竞争性的产品，如空气、气候等；公共资源是指非排他性但竞争性的资源，如水、土地等。这些产品或资源往往缺乏明确的产权归属或者难以实施有效的产权保护，导致市场无法充分发挥作用，无法反映其真实的社会边际成本和边际收益，从而造成供给不足或过度利用。其次，从外部性来看，生态产品具有正向外部性，即生态系统为人类提供的正向效益。向外部性是指一方行为对另一方造成的无偿利益，如森林提供的水源涵养、空气净化等。由于正向外部性没有得到充分补偿，导致市场需求低于社会需求，无法激励生态系统服务的提供者进行合理投入和保护。最后，从市场失灵来看，由于生态产品缺乏明确和可执行的产权安排，市场价格无法反映其真实价值，导致市场机制无法有效配置资源。因此，需要政府通过制定相关法律法规、建立补偿机制、推动合作协议等方式，来纠正市场失灵，实现生态产品价值内部化。

综上所述，产权理论为我们提供了一个分析和解决生态产品价值实现问题的有力工具。通过明确和保护生态产品的产权归属和流转规则，可以促进生态系统服务提供者和受益者之间的有效沟通和协调，激发他们对生态资源的合理利用和有效保护的积极性，实现生态产品价值的最大化。

（三）公共物品理论

公共物品理论是研究公共事务的一种现代经济理论。公共物品有狭义和广义之分。狭义的公共物品概念是指纯公共物品，而现实中有大量的物品是基于两者之间的，不能归于纯公共物品或纯私人物品，经济学上一般统称为准公共物品。广义的公共物品就包括了纯公共物品和准公共物品。公共物品具有消费的非竞争性和非排他性两个本质特征。这两个特性意味着公共物品如果由市场提供，每个消费者都不会自愿掏钱去购买，而是等着他人去购买而自己顺便享用它所带来的利益，这就是“搭便车”问题。如果所有社会成员都意图免费搭车，那么最终结果是没人能够享受到公共物品，因为“搭便车”问题会导致公共物品的供给不足。

生态产品是一种特殊的公共物品，它们为人类提供了多种有益的服务，如空气净化、水源保护、气候调节、生物多样性维护等。然而，由于生态产品具有消费的非竞争性和非排他性，导致市场机制无法有效地分配和保护它们，从而造成了生态产品的供给不足和过度利用。为了解决这一问题，需要运用公共物品理论来分析生态产品的价值、成本和效益，并设计合理的制度安排和政策措施来实现生态产品价值的内部化和实现。因此，讨论生态产品价值的实现，需要明确生态产品价值惠泽空间范围与消费群体规模以明确生态产品价值的付费者和购买者，对于具有典型公共物品属性的生态产品可以采用政府购买、生态补偿等手段实现其价值；对于部分群众直接享受的生态产品可以通过税收管理、规费手段进行支付，对于具有私人产品性质的生态产品价值则可以通过市场交易的手段由明确的消费者付费。

（四）外部性理论

外部性理论是现代环境经济政策的理论支柱，外部性理论也被称为环境经济学的重要理论基础。外部性理论是分析和解决生态产品价值实现问题的重要理论基础。外部性是指一个人或一群人的行动和决策使另一个人或一群人受损或受益的情况，而这种损失或收益又不能通过市场价格进行买卖。外部性可以分为正外部性（或称外部经济）和负外部性（或称外部不经济）。正外部性就是一些人的生产或消费使另一些人受益而又无法向后者收费的现象；负外部性就是一些人的生产或消费使另一些人受损而前者无法补偿后者的现象。

从本质上讲，生态产品价值就是一种正向外部经济，是生态系统向人类社会提供的正向外部效应。然而，由于公共产品和公共资源都具有非排他性，但公共产品是非竞争性的，公共资源则具有竞争性。从竞争性的角度看，生态调节服务和生命支持服务往往属于公共产品；物质产品供给服务、生态文化服务往往是公共资源。无论是公共产品或是公共资源都具有外部性。庇古提出解决负外部性（外部不经济）或市场失灵的条件手段是借助一定政府干预，对边际私人产值大于边际社会产值的经济主体进行惩罚，用税收和其他行政手段实行；对于编辑私人产值小于边际社会产值的经济主体进行奖励，用补贴和补偿等手段进行，其中，惩罚和补偿的额度应分别等于私人、社会的成本和产值的差额，即边际外部成本和边际外部产值。科斯提出外部效应并非是单方面的由一方对另一方的损害，而是损害具有相互性，即一方对另一方的损害产生的同时，损害方也同时受到损害。该问题的关键点在于哪方拥有损害的权力，这里讨论的权力即明晰的产权。

如果产权被明确界定，前提是交易费用为零，“庇古税”是没有必要存在的，因为通过双方依靠市场机制进行自主协商即可实现资源配置的帕累托最优状态或最优资源配置效率；即使存在双方自主协商中存在交易费用的情况，出现市场失灵的现象时，需要权衡各项政策手段的成本和收益，并选择行之有效的政策来解决外部性的内部化问题。

二 生态产品价值实现的理论逻辑①

（一）人与自然之间的物质变换

生态产品价值实现遵循“生态资源→生态资产→生态资本→生态产品”的递进逻辑。在生态系统中表现为自然界的物质形态变化与能量流动过程，在社会经济系统中则表现为资源资产化、资产资本化、资本产品化、产品市场化的经济活动过程，贯穿其中的支持条件分别是产权、金融、技术和消费。具体运行过程可以大致解构为前后一致、循序渐进的四个步骤，第一步：生态资源资产化。通过合理界定生态资源的产权，形成归属清晰、权责明确、流转有序、监管有效的产权制度，完善生态资产的权能结构，建立健全生态资源约束性有偿使用制度，其间起决定作用的是生态资源的产权制度改革；第二步：生态资产资本化。通过绿色金融创新推进生态资产抵押贷款与融资，激活沉睡的生态资产演变为活跃的生态资本，实现资产流变现金流投入生态产业发展，其间起决定作用的是绿色金融支持；第三步：生态资本产品化。通过生态种植、生态养殖、生态加工和生态管理，生产更多更好的生态产品以满足生态消费需求，其间起决定作用的是生态技术研发与应用；第四步：生态产品市场化。通过激励生态产品供

① 陈光矩：《生态产品价值实现的理论逻辑与实践路径》，《浙江日报》全媒体评论理论部。

给、引导绿色消费、培育生态市场，“让市场说出生态价格”“好产品卖出好价钱”，其间起决定作用的是生态产品的有机品质和生态市场的消费容量。

（二）生态价值与经济价值之间的价值传递

随着“生态资源→生态资产→生态资本→生态产品”的物质变换，生态产品的价值演变体现出存在价值、使用价值、要素价值、交换价值之间的梯度递减，其过程性影响因素主要包括生态认知、生态投入和生态生产。首先，存在价值是生态环境资源客观存在的自然价值，是生态系统中维持生物生产和支持生命存续的原始性价值，具有亘古不变、十分巨大、不可计量的特征，这部分价值事实上不应该也不可能计入生态产品的价值。其次，由于环境危机、资源枯竭和生态消费的增长，人们的生态认知逐步提高，越来越清晰地认识到生态资产是可持续发展的重要资产，具有十分巨大的使用价值，这部分价值与人们的生态认识呈正相关关系。再次，伴随着生态产业的快速发展，大量生态资产通过绿色金融支持演变为生态资本，在资本逐利性的驱动下投入绿色生产领域中，显现出生态产品生产必不可少的要素价值，再与劳动、技术、设备等要素相结合生产出市场急需的生态产品，这种要素价值使得生态资本越来越成为绿色产业的核心资本。最后，生态产品作为一种多功能、高品质、安全健康的稀缺产品，一旦进入市场就备受青睐，在绿色消费风尚和供求关系的影响下迅速形成远高于一般商品的交换价值，体现出生态品质和生态品牌溢价的高附加值，在市场上则表现为生态产品的奢侈价格，由此实现了生态价值与经济价值之间的价值传递。

（三）GEP 与 GDP 之间的双转化、双增长、可循环、可持续

生态产品价值实现要求将生态价值转化为经济价值，但这种转化

必须遵循生态系统运行规律，不是一味地将“绿水青山”全部变现，而是在维持生态系统稳定和平衡的前提下，在生态阈值范围内将生态系统的“生态服务盈余”转化为经济财富和社会福利。实践中表现为双向循环的两次转化：第一次转化即GEP向GDP的转化。人们在确保生态系统面积不减少、功能不降低的情况下，通过产业生态化、生态产业化的绿色生产方式，积极发展生态旅游、生态农业、生态制造业、生态服务业和生态高新技术产业，不断创新生态环境依赖型、生态资源内生型产业，利用生态技术将生态系统服务流中的一部分转化为物质产品、调节服务和文化服务，借助生态消费市场兑现其经济价值，从而完成了“绿水青山”向“金山银山”的转化，结果是实现了国内生产总值（GDP）持续稳定较快增长。第二次转化即GDP向GEP的转化。在第一次转化的基础上，为保障“绿水青山”源源不断地带来“金山银山”，就必须加大生态建设投入，将GDP中的一部分投向自然界，通过环境保护、生态补偿和生态修复来增强生态系统服务功能，在更大规模和更高层次上产出更多更好的生态产品，这样就实现了“金山银山”向“绿水青山”的转化，也实现了生态系统生产总值（GEP）持续稳定协调增长。上述两次转化相互支撑、循环往复地促进GEP与GDP之间的双转化、双增长、可循环、可持续，进而构建起高质量绿色发展的现代化生态经济体系。

第三节　建立健全生态产品价值实现机制

建立健全生态产品价值实现机制，是贯彻落实习近平生态文明思想的重要举措，是践行“绿水青山就是金山银山”理念的关键路径，是从源头上推动生态环境领域国家治理体系和治理能力现代化的必然要求，对推动经济社会发展全面绿色转型具有重要意义。根据中共中央办公厅国务院印发《关于建立健全生态产品价值实现机制的意见》，建立健全生态产品价值实现机制，主要包括以下四个方面：

一　建立生态产品调查监测机制

推进自然资源确权登记，开展生态产品信息普查，摸清生态产品的数量、质量、功能、权益等基本情况。具体内容如下：建立生态产品调查监测机制。利用现有的自然资源和生态环境调查监测体系，结合网格化、遥感等技术手段，开展全国范围内的生态产品调查监测工作，形成生态产品目录清单，包括森林、草原、湿地、海洋等各类生态系统提供的生态产品。建立生态产品动态监测制度，定期更新生态产品的数量分布、质量等级、功能特点、权益归属、保护和开发利用情况等信息，建立开放共享的生态产品信息云平台，为政府决策和社会监督提供数据支撑。推进自然资源确权登记。按照统一规范和程序，有序推进自然资源统一确权登记工作，清晰界定自然资源资产产权主体，划清所有权和使用权边界。丰富自然资源资产使用权类型，合理界定出让、转让、出租、抵押、入股等权责归属，依托自然资源统一确权登记明确生态产品权责归属。加强自然资源资产产权保护和监管，规范自然资源资产使用权流转和交易行为，防止损害国家和社会公共利益。开展生态产品信息普查。根据生态产品目录清单，组织开展全国范围内的生态产品信息普查工作，摸清各类生态产品的数量、质量、功能、价值等基本情况。采用多种方式和方法收集和核实生态产品信息，包括实地调查、问卷调查、专家咨询等。建立生态产品信息普查数据库，及时更新和完善生态产品信息。定期发布生态产品信息普查报告，反映各地区各类别的生态产品状况和变化趋势。

二 建立生态产品价值评价机制

探索构建行政区域单元生态产品总值和特定地域单元生态产品价值评价体系，制定生态产品价值核算规范，推动生态产品价值核算结果在政府决策、绩效考核、补偿赔偿等方面的应用。具体内容如下：建立生态产品价值评价体系。针对生态产品价值实现的不同路径，探索构建行政区域单元生态产品总值和特定地域单元生态产品价值评价体系。考虑不同类型生态系统功能属性，体现生态产品数量和质量，建立覆盖各级行政区域的生态产品总值统计制度。探索将生态产品价值核算基础数据纳入国民经济核算体系。考虑不同类型生态产品商品属性，建立反映生态产品保护和开发成本的价值核算方法，探索建立体现市场供需关系的生态产品价格形成机制。制定生态产品价值核算规范。鼓励地方先行开展以生态产品实物量为重点的生态价值核算，再通过市场交易、经济补偿等手段，探索不同类型生态产品经济价值核算，逐步修正完善核算办法。在总结各地价值核算实践基础上，探索制定生态产品价值核算规范，明确生态产品价值核算指标体系、具体算法、数据来源和统计口径等，推进生态产品价值核算标准化。推动生态产品价值核算结果应用。推进生态产品价值核算结果在政府决策和绩效考核评价中的应用。探索在编制各类规划和实施工程项目建设时，结合生态产品实物量和价值核算结果采取必要的补偿措施，确保生态产品保值增值。推动生态产品价值核算结果在生态保护补偿、生态环境损害赔偿、经营开发融资、生态资源权益交易等方面的应用。建立生态产品价值核算结果发布制度，适时评估各地生态保护成效和生态产品价值。

三　健全生态产品经营开发机制

推进生态产品供需精准对接，拓展生态产品价值实现模式，鼓励采取多样化方式和路径，科学合理推动生态产品价值实现。具体内容如下：健全生态产品经营开发机制。建立健全生态产品经营开发的政策法规和标准规范，明确生态产品经营开发的主体、范围、条件、程序和监管等要求，规范生态产品经营开发的行为和秩序。加强生态产品经营开发的资金支持和税收优惠，降低生态产品经营开发的成本和风险，提高生态产品经营开发的收益和效率。加强生态产品经营开发的技术支持和人才培养，提高生态产品经营开发的质量和水平。推进生态产品供需精准对接。推动生态产品交易中心建设，定期举办生态产品推介博览会，组织开展生态产品线上云交易、云招商，推进生态产品供给方与需求方、资源方与投资方高效对接。通过新闻媒体和互联网等渠道，加大生态产品宣传推介力度，提升生态产品的社会关注度，扩大经营开发收益和市场份额。加强和规范平台管理，发挥电商平台资源、渠道优势，推进更多优质生态产品以便捷的渠道和方式开展交易。拓展生态产品价值实现模式。在严格保护生态环境前提下，鼓励采取多样化模式和路径，科学合理推动生态产品价值实现。依托不同地区独特的自然禀赋，采取人放天养、自繁自养等原生态种养模式，提高生态产品价值。科学运用先进技术实施精深加工，拓展延伸生态产品产业链和价值链。创新运用市场化手段实施功能性转换，将非商品性的公益性生态功能转化为商品性的市场性服务。探索运用金融化手段实施资产化转换，将难以量化的自然资产转化为可交易的金融资产。

四　完善生态保护补偿机制

建立健全中央与地方、区域之间、流域内部、城乡之间的横向和纵向补偿机制，形成保护者受益、使用者付费、破坏者赔偿的利益导向机制。具体内容如下：完善生态保护补偿机制。建立健全生态保护补偿的政策法规和标准规范，明确生态保护补偿的主体、对象、范围、标准、方式和程序等要求，规范生态保护补偿的行为和秩序。加强生态保护补偿的资金保障和管理，建立稳定的生态保护补偿资金来源，完善生态保护补偿资金使用和监督机制。加强生态保护补偿的效果评估和信息公开，及时反馈和总结生态保护补偿的实施情况和成效，提高生态保护补偿的透明度和公信力。建立健全中央与地方、区域之间、流域内部、城乡之间的横向和纵向补偿机制。根据不同类型生态产品的特点和价值实现路径，构建多层次、多维度的生态保护补丿体系。加强中央对重点生态功能区等重要区域的转移支付支持，引导地方加大对生态环境保护的投入。推进区域之间、流域内部、城乡之间的横向生态保护补偿，促进区域协调发展和城乡融合发展。探索建立跨省界流域综合治理协调机制，推动流域内上下游、左右岸合理分担水资源开发利用和水环境治理责任。形成保护者受益、使用者付费、破坏者赔偿的利益导向机制。充分发挥市场在资源配置中的决定性作用，建立符合市场规律的生态产品价格形成机制，让使用者按照市场价格支付使用费用，让提供者获得合理回报。完善生态环境损害赔偿制度，建立损害赔偿责任追究机制，让破坏者承担相应代价。加强政府在制度设计、经济补偿、绩效考核和营造社会氛围等方面的主导作用，引导各方面形成共同参与生态环境保护修复的良好氛围。

参考文献

[1] 张林波、陈鑫、梁田等：《我国生态产品价值核算的研究进展、问题与展望》，《环境科学研究》：1-18 [2023-04-10].https：//doi.org/10.13198/j.issn.1001-6929.2023.02.01.

[2] 陆小成：《新发展阶段北京生态产品价值实现路径研究》，《生态经济》2022年第1期。

[3] 苟廷佳：《三江源生态产品价值实现研究》，青海师范大学，2021年。

[4] 靳诚、陆玉麒：《我国生态产品价值实现研究的回顾与展望》，《经济地理》2021年第10期。

[5] 沈辉、李宁：《生态产品的内涵阐释及其价值实现》，《改革》2021年第9期。

[6] 张林波、虞慧怡、郝超志等：《生态产品概念再定义及其内涵辨析》，《环境科学研究》2021年第3期。

[7] 刘江宜、牟德刚：《生态产品价值及实现机制研究进展》，《生态经济》2020年第10期。

[8] 张林波、虞慧怡、李岱青等：《生态产品内涵与其价值实现途径》，《农业机械学报》2019年第6期。

[9] 丘水林：《区域生态产品价值实现机制研究》，福建师范大学，2018年。

第三章

安吉生态产品价值实现的实践探索

探索建立“两山”转化路径与生态产品价值实现机制，是践行习近平总书记“绿水青山就是金山银山”理念的重要举措，是推动生态发展理念落实落地，促进生态富民惠民的必要路径。安吉作为习总书记“两山”理念的诞生地，多年来始终坚持以“八八战略”为总纲，持续深化“两山”转化改革，一直致力于生态产品价值实现方面的实践与探索，成功打通了“绿水青山”向“金山银山”转化的通道，在实践中探索形成了一系列具有地方特色的做法和经验，打造了生态产品价值实现的安吉县域样本。总结安吉“两山”转化路径与生态产品价值实现机制的实践与理论创新，对于深入研究、复制推广，努力探索“两山”转化路径与生态产品价值实现机制的“安吉经验”，当好践行“两山”理念的样板地、模范生，打造具有示范意义的生态样板城市，具有非常重要的理论与实践意义。

第一节　安吉生态产品价值实现的时代选择

安吉地处浙江省西北部，邻近上海、杭州、南京、苏州等城市，被誉为“都市后花园”。安吉山清水秀，环境优美，是长江三角洲经济区内一颗璀璨的绿色明珠，也是中国第一个生态县。安吉县生态环境优良，多年来，全县空气质量优良率保持在85%以上，地表水、饮用水、出境水达标率均为100%，森林覆盖率、林木绿化率达到70%以上，被誉为气净、水净、土净的“三净之地”，获评全国首个生态县、联合国人居奖首个获得县。安吉县坚持绿色发展，全县拥有1个国家级农业科技园区、1个省级经济开发区、1个省级承接产业转移示范区和1个国家级旅游度假区，大力发展绿色产业，初步形成以健康休闲为优势产业，绿色家居、高端装备制造为主导产业，信息经济、通用航空、现代物流为新兴产业的“1+2+3”生态产业体系，三次产业结构比5.9∶45.1∶49。全县共有主板上市企业5家、新三板挂牌企业14家，集民宿、高端旅游综合体、特色小镇于一体的全域旅游全面兴起。安吉县实现美美与共，全县上下致力于建设中国最美县域，全面推动“美丽乡村、美丽城镇、美丽县城”三美共建，“四好农村路”成为全国样板，《美丽乡村建设指南》成为国家标准，新时代浙江（安吉）县域践行“两山”理念综合改革创新试验区落地实施。在“两山”理论指引下，安吉积极探索生态产品价值实现机制，积极推动国家级生态文明示范县区创建，努力打造一批“生态文明示范乡镇、村”，“两山转化示范点”等典型示范样板，不断深入推进“两山”转化实践。安吉县立足生态环境和乡土文化优势，大力推进美丽乡村精品村、美丽宜居示范村等建设，通过发展乡村休闲旅游、名宿经济等产业壮大当地经济。安吉县利用生态资源优势大力经营生态农业，大力发展“生态农场”“生态牧场”“生态茶场”，推动了农业发展布局由分散向集聚、发展方式由粗放向集约、产品服务由低端向中高端转变。安吉县利用“两山”品牌提升产品生态价值，在城市建设、产业发展、品牌培育等方面注入“两山”元素，贴上

“两山”标签。尤其是在生态农业和生态旅游发展中，逐渐探索形成了“两山”统一品牌。扩大了生态农产品的影响力。安吉县坚持党建引领生态文明新风尚，在践行“两山”转化道路上，始终坚持“党建+生态”品牌的塑造，依托各级党组织，努力破解“两张皮”难题，推动红绿融合绘“两山”。

探索安吉生态产品价值实现路径意义重大，首先有利于长期坚持“绿水青山就是金山银山”发展理念。“绿水青山就是金山银山”的根本内涵是“既要绿水青山，也要金山银山。宁要绿水青山，不要金山银山，而且绿水青山就是金山银山”。但是，这一理念在不同的时期、不同的领域不可避免地和加快发展产生冲突。即使安吉作为浙江省第一批省级生态文明建设示范县，企业生产与环境保护的矛盾，建设用地需求与耕地保护的矛盾，城市扩张带来的节能减排、垃圾围城、污水处理等方面的问题，也都一定程度地存在。因此，要切实贯彻“绿水青山就是金山银山”的发展理念，既要坚持生态保护的底线要求，又要努力实现生态产品的价值，使生态产品体现其应有的价值，加快绿水青山向金山银山的转化，满足人民群众对美好生活的向往，促进生态保护与加快发展的内在统一。其次有利于加快培育绿色发展新动能。对于生态发达，经济还不够发达地区的安吉来说，传统的投资和产业增长模式受到很大制约，但是对经济增长的需求却极其迫切。探索生态产品的价值实现机制，可以促进绿色发展模式的形成，通过加快实施重大绿色生态工程，支持绿色产业发展，培养绿色人才，创新绿色金融，引领社会绿色消费需求，从消费角度开展场景研究，在绿色城乡建设、绿色消费创新升级等领域，积极构建具有新经济特色的应用场景，不仅使生态环境保护不再成为政府和市场主体的负担，同时也成为经济发展新的增长点、创造和获取价值的新路径，推动新技术、新产业、新业态、新模式的落地和发展，培育绿色发展的新动力。再次有利于加快推进生态富民惠民利民。探索生态产品价值实现机制，有利于通过市场化路径实现生态产品的多元价值，如，通过完善基础设施、创造工作岗位、提供公共服务、技能培训补贴、工农业产品价格补贴、基本生活补贴等间接而有针对性的方式来实现，从而开拓绿色惠民新途径。近年来，安吉通过创新生态产品价值实现路径，开辟了卖山卖水卖空气等创新路径，让好山好水好空气转化为老百姓实实在在的收入，实现了生态富民。依托良好的生态，安吉围绕倾力打造全域旅游全国示范县目标，经过多年探索，初步形成了“生态+文化”“景区+农家”“农庄+游购”三大乡村旅游模式，逐渐走出一条由“农家乐”到“乡村游”到“乡村度假”再到正在形成的“乡村生活”的乡村旅游之路，2021 年全县乡村旅游接待游客达到了 2200 万人次。最后有利于深入实施乡村振兴战略。安吉县紧抓湖州作为全国首个地级市生态文明现行示范建设区机遇，深入开展生态产品价值实现机制探索，通过推进自然资源资产产权流转，发展特色生态农业和乡村休闲旅游，深入开展生态扶贫，探索农村普惠金融，促进农村地区经济社会和生态环境协调发展，构建人与自然和谐共生的新格局，实现百姓富、生态美的有机统一。安吉充分利用自然生态资源，大力发展“生态农场”“生态牧场”“生态茶场”，实施“稻鳖共生”“稻虾共养”“一亩山万元钱”“一块地百里之外千人管”等生态种养模式，推动了农业发展布局由分散向集聚、发展方式由粗放向集约、产品服务由低端向中高端转变。

◈第二节　安吉生态产品价值实现的主要做法

生态产品具有典型的公共物品特征，其价值实现的路径主要有三种：一是市场路径。主要表现为通过市场配置和市场交易，实现可直接交易类生态产品的价值。二是政府路径。依靠财政转移支付、政府购买服务等方式实现生态产品价值。三是政府与市场混合型路径。通过法律或政府行政管控、给予政策支持等方式，培育交易主体，促进市场交易，进而实现生态产品的价值。生态产品价值实现的主要机制与形式，一是生态资源指标及产权交易。该模式是针对生态产品的非排他性、非竞争性和难以界定受益主体等特征，通过政府管控或设定限额等方式，创造对生态产品的交易需求，引导和激励利益相关方进行交易，是以自然资源产权交易和政府管控下的指标限额交易为核心，将政府主导与市场力量相结合的价值实现路径。二是生态修复及价值提升。该模式是在自然生态系统被破坏或生态功能缺失地区，通过生态修复、系统治理和综合开发，恢复自然生态系统的功能，增加生态产品的供给，并利用优化国土空间布局、调整土地用途等政策措施发展接续产业，实现生态产品价值提升和价值“外溢”。三是生态产业化经营。该模式是综合利用国土空间规划、建设用地供应、产业用地政策、绿色标识等政策工具，发挥生态优势和资源优势，推进生态产业化和产业生态化，以可持续的方式经营开发生态产品，将生态产品的价值附着于农产品、工业品、服务产品的价值中，并转化为可以直接市场交易的商品，是市场化的价值实现路径。四是生态补偿。该模式是按照“谁受益、谁补偿，谁保护、谁受偿”的原则，由各级政府或生态受益地区以资金补偿、园区共建、产业扶持等方式向生态保护地区购买生态产品，是以政府为主导的价值实现路径。安吉充分发挥市场在生态产品配置中的决定性作用，沿着生态产品“量化—确权—交易—补偿—创造—展示—营销”的价值实现路径，在生态产品核算、确权、抵押、流转、生态补偿等机制方面积极探索，同时开展生态产品认证，大力推进生态产品产业化开发，多管齐下拓展“绿水青山”向“金山银山”转化的通道，坚决守住发展和生态两条底线。

一　量化生态产品家底机制

一是编制自然资源资产负债表。安吉抢抓湖州市作为浙江省唯一入选全国 8 个编制自然资源资产负债表的试点地区，率先探索自然资源资产负债表编制，将生态系统的各类功能价值化，将无形的生态折算成有形的价值，为生态产品价值实现提供了量化依据，通过编制 16 张表式、编填 3. 22 万个数据，摸清了全县自然资源资产及生态环境家底。在此基础上，按照“源头预防、过程控制、损害赔偿、责任追究”的方针，率先出台了自然资源资产保护与利用绩效评价考核和领导干部自然资源资产离任审计两个办法。二是建立“绿色 GDP”核算应用体系。湖州在全国地级市中率先建立了“绿色 GDP”核算应用体系，安吉将其纳入全县综合考核指标体系，推行三级绿色生态考核和乡镇分类考核，把资源消耗、环境损害、生态效益等指标纳入经济社会发展评价体系，制定领导干部自然资源资产离任审计、生态环境损害责任追究等实施办法，基本形成了生态文明建设从定责到考责，再到问责的制度体系。

二　开展生态产品确权机制

推行自然资源确权登记是生态文明体制建设的基础内容，目的是界定全部国土空间各类自然资源资产的所有权主体，进一步明确国家不同类型自然资源的权利和保护范围等，形成归属清晰、权责明确、监督有效的自然资源资产产权制度。一是确权登记试点见成效。安吉形成“登记单元”+“资源区块”两级结构的登记簿框架，并引入产出生态产品的“功能斑块”层，对登记单元内那些发挥湿地和水源涵养、水土保持、防风固沙、生物多样性维系等生态功能的区域予以明确定位。二是集体林权确权。在保持集体林地所有权不变的前提下，深化集体林权体制改革，使农民真正拥有林地的经营权、林木的所有权及处置权和收益权，在此基础上试行林地经营权流转制度、林地信托贷款制度和公益林补偿收益权质押贷款制度，实现“叶子变票子”。三是“河权到户”改革。通过试行“河权到户”改革，将河道管理权和经营权分段或分区域承包给农户，形成股份、个人、集体、合作社等多种河道承包模式，推动河道环境治理和经营增收“双赢”，实现“水流变资金流”。

三　探索生态产品交易机制

一是建立排污权交易机制。安吉作为浙江省排污权有偿使用和交易试点地，近年来进一步完善了环境资源有偿使用机制，全面实施排污许可证制度、污染总量量化管理制度、产业转型升级排污总量激励制度和建设项目污染总量替代制度等。二是生态产权融资交易机制。在确权登记基础上，挖掘生态产权所蕴含的金融功能和属性，积极探索农村耕地使用权、农村土地承包经营权、水域养殖权、农村集体资产所有权等抵押融资模式，生态资源变身金融资产。三是绿色普惠金融机制。建立“一站式”绿色金融服务平台，构建普惠金融、绿色债券、生态基金、生态保险组成的绿色金融服务体系。金融机构开展生态资产和生态产品抵押、质押贷款产品创新上已经进行了一些探索，比如森林赎买贷款、畜禽洁养贷、农村土地承包经营权抵押贷款等。

四　建立生态产品补偿机制

安吉在全省率先建立并实施市域范围内生态补偿机制，设立生态建设专项资金，推动茶园生态修复、废弃矿山复绿、复垦耕地等，释放了生态与经济的“双重效益”。一是生态补偿机制制度体系基本形成。安吉围绕着生态补偿展开了一系列的制度创新，汇集了一个相对完整的制度存量体系，特别是干部考核机制的创新调整，将生态文明建设增设为五大类考核指标之一，绿色 GDP 等指标成为考核的具体内容，为生态补偿机制的操作奠定了可行性。二是探索建立了生态补偿的市场化机制。根据环境功能要求，在科学核算区域环境容量的基础上，在市域范围内建立污染物排放总量控制、污染物排放指标有偿分配和排污权有偿交易制度，探索在市场经济条件下，运用经济杠杆的作用，充分调动政府、企业主动削减污染物排放总量的积极性。

五　丰富生态产品创造机制

一是利用生态资源优势大力经营生态农业。利用自然生态资源，大力发展“生态农场”“生态牧场”“生态茶场”，实施“稻鳖共生”“稻虾共养”“一亩山万元钱”“一块地百里之外千人管”等生态种养模式，提供优质特色农产品。二是发展全域旅游。安吉作为首批国家全域旅游示范区创建单位，打破行政区域把全县当作一个大景区，促进旅游全区域、全要素、全产业链发展，推动农旅融合，走休闲养生路线，发展精品民宿、农业观光、农事体验旅游项目，形成全域化旅游产品和业态。三是推动产业绿色发展。在推进绿色制造标准化上，在全省率先发布绿色工厂评价标准。在推进绿色金融标准化上，在全国率先发布《绿色融资项目评价规范》《绿色银行评价规范》等地方标准。在推进绿色产品认证上，获批成为全国唯一的绿色产品认证试点城市。

六　完善生态产品展示机制

一是制定生态品牌标准和检测标准。参照国际标准，探索制定安吉绿色农产品、有机农产品生产标准和检测标准和生态旅游、森林康养、避暑疗养等产业的标准体系。二是围绕重点生态产业建立了区域公共品牌。以“人无我有、人有我优、人优我特”的理念，在产业发展、品牌培育等方面注入“绿水青山就是金山银山”元素，贴上“绿水青山就是金山银山”标签，尤其是在生态农业和生态旅游发展中，逐渐探索形成了“绿水青山就是金山银山”统一品牌，扩大了生态农产品的影响力。三是美丽乡村品牌建设。湖州是中国美丽乡村的发源地，安吉创造性地开展了以科学规划布局美、创新增收生活美、村容整洁环境美、乡风文明素质美、管理民主和谐美及宜居、宜业、宜游的“五美三宜”为特征的美丽乡村建设，走出了一条“美丽乡村、和谐民生”为品牌特色的新农村建设“安吉之路”。

七　生态产品营销机制

一是推动市场化生态产品宣传和交易平台持续扩大。围绕安吉特色生态产品，建立了线上和线下产品交易中心和产品宣传营销平台，推出“两山优品汇 APP”，在上海、杭州、苏州等大城市设立“绿水青山就是金山银山农品汇”专卖店。布局一批特色生态产品综合交易市场集散中心、价格中心、物流加工配送中心和展销中心，提升生态产品市场运作能力。二是推动生态产品市场持续拓展。通过生态产品“走得出去”的现代物流体系建设，把生态产品及时送达消费者手中。用好生态论坛、新闻舆论、电影电视、音乐歌曲、体验旅游等方式，强化安吉生态产品的“消费记忆”。加强把游客“引得进、留得住”的载体建设，增强生态“留客”吸引力。

第三节　安吉生态产品价值实现的基本经验

一　主要做法

总体上看，在生态产品价值实现过程中，安吉县注重以生态保护促进民生改善，使安吉县人民享受到生态服务和生态产品带来的长效受益。在政府、金融行业、企业、农户共同作用下，安吉县在经济、生态和社会上都取得了显著成效，生态价值和经济价值互相转换，“绿水青山”真正转变为“金山银行”。

（一）生态环境优势转化为生态农业经济

进入 21 世纪以来，食品不安全事件在一段时间频繁、集中出现，使消费者普遍对农产品存在质量担心。但绿色、安全的农产品如何体现其价值，打造品牌很重要。安吉正是因地制宜地通过创建农产品品牌来提升农产品价值，通过打造区域品牌将其农产品的生态优势转化为经济优势。“一片叶子富了一方百姓”的安吉白茶最具代表性。白茶产业是安吉的特色产业，自20世纪90年代开始，短短20多年，从一株千年“白茶祖”发展为安吉农业主导产业，成为闻名全国的品牌产品。2018年，全县白茶茶园面积超过17万亩，产量1782吨，总产值超过20亿元，白茶收入占全年农民人均可支配收入的比例超过20%。溪龙乡黄杜村就是一个典型代表。黄杜村原是贫困村，1997年开始种植白茶，最初种植面积仅17亩，经过20多年的发展，村内种植面积已达1.2万亩，本村村民经营的白茶面积达4.8万亩，白茶产业的发展使该村实现了脱贫致富，农民人均可支配收入超过3.6万元。

（二）生态环境优势转化为生态工业经济

一二三产业融合发展是目前已普遍接受的产业发展理念，通过延伸农业产业链，进而实现农业、农产品加工业、农村服务业的融合，势头强劲、成效明显。安吉利用当地丰富的竹资源，发展竹加工业，且十分重视解决竹制品加工过程中产生的污染问题。2006年，安吉与浙江大学联合技术攻关，逐步解决竹制品高浓度废水污染问题。2008年开始行业集中整治，淘汰低小散企业。2009年成立安吉逢春污水处理有限公司，日处理污水300吨，确保全县竹木制品企业高浓度废水统一集中处理。通过对自然资源的利用和生态环境的保护，打造了具有安吉地方特色的生态工业经济，如以竹产业、椅业为代表的绿色家居产业占工业增加值的比重从1998年的12.0%上升到2021年的42.3%。

（三）生态环境优势转化为生态旅游经济

生态环境的改善为发展生态休闲旅游业提供了良好的基础。安吉早在2008年提出美丽乡村建设，乡村环境的改善促进了旅游产业发展，安吉依托优美的生态环境和人居环境发展美丽经济，绿水青山等自然资源为乡村和村民带来了持久的收入流。2017年开始，安吉以建设全域美为目标，把建设美丽乡村战略上升为建设美丽县域战略，走出了一条独具特色的“以乡促城”的城乡融合发展之路。旅游业从点状旅游发展为全域旅游，从季节旅游发展为全年旅游，从简单的农家乐、景区观光发展为休闲度假、乡村旅游、工业旅游、运动探险、城市休闲、健康养生等综合性业态，吃、住、行、游、购、娱六要素全面覆盖。此外，优美的生态环境大大提高了安吉投资的吸引力，在继续发展白茶产业、竹产业、椅业和生态休闲旅游业的同时，不断推进通用航空、装备制造、信息经济等新兴产业以及健康、现代物流业发展。

二　基本经验

安吉在生态产品价值实现机制方面的先行探索和创新举措，为全国其他地区充分发掘生态资源的潜在价值，积极探索生态产品价值实现机制，努力打通“绿水青山”向“金山银山”转化通道提供了许多可供参考的宝贵经验。

（一）坚持“政府引导”与“市场运作”相结合

生态产品既具有公共物品属性也具有商品属性，充分发挥好政府和市场的双重作用，是生态产品价值实现的关键。一般而言，政府在生态产品价值实现机制中发挥着主导和引导作用。政府主要作用于生态建设资金安排、转移支付和生态补偿，同时还发挥着生态产品交易机制的制定、政策设计、相关制度安排以及市场监督等作用。市场则是在优化环境资源配置中发挥决定性作用。同时，通过产权交易和生态资源的产业化经营等方式来实现生态产品价值。此外，即便是在政府直接投资领域也可以探索引入市场机制以提高政府效率。

（二）坚持“生态+”与“+生态”相结合

大力推进传统产业绿色化、低碳化和循环化改造，综合运用环保、安全及技术标准等各种政策手段，对高污染、高能耗和产能过剩的传统产业进行绿色化改造。全面构建绿色生态产业体系，立足各地自然生态禀赋，大力发展山上经济、水中经济和林下经济，让“绿水青山”变成脱贫致富的“金山银山”。坚持创新驱动、高端定位，积极探索“生态+”产业发展模式，推动大数据、大健康、大旅游和大生态融合发展。

（三）坚持“顶层设计”与“政策支持”相结合

科学统筹谋划，把生态产品价值实现理念嵌入规划体系当中，更有效地探索深化生态产品价值实现机制。优化现有政策制度，将生态产品价值（调节服务类）增减情况作为绿色财政奖补政策的因素，并将其引入党政领导干部生态环境损害离任审计、生态环境损害赔偿、重大基础设施项目环境影响评价等制度。加大对生态经济，特别是生态工业的政策扶持力度，在开展资源环境承载能力和国土空间开发适宜性评价的基础上，系统谋划空间分区策略，大力培育、招引和发展生命健康、节能环保、精密制造、数字经济等环境适宜性产业。

（四）坚持“明晰产权”与“增加供给”相结合

通过明确产权，遵循市场经济规律和市场机制原则，将生态资产变现为资本和财富，才能促进生态产品的供给。因此，需要深化产权制度改革，明晰生态资产的所有权、收益权、使用权、经营权等权利，适度扩大使用权的出让、转让、出租、抵押、担保、入股等权能，推进土地承包权和经营权分离的模式向林权、水权、草权等领域延伸，为产权的交易流转奠定制度基础。在此基础上，挖掘延伸生态产品的价值链，拓展生态产品的供给途径，最大限度地实现生态产品的市场价值。

（五）坚持“产权制度”与“交易体系”相结合

按照国家《关于统筹推进自然资源资产产权制度改革的指导意见》要求，完善各类自然资源资产的统一确权登记，探索开展促进生态保护修复的产权激励机制。以明晰产权、丰富权能为基础，以市场配置、完善规则为重点，推进自然资源有偿使用制度改革，着力解决自然资源及其产品价格偏低、生态开发成本低于社会成本、保护生态得不到合理回报等问题。加快生态产品交易市场建设，大力推进排污权和用能权交易，稳步开展碳排放权和碳汇交易，探索建立集各类生态产品和生态权益于一体、完善和规范的生态产品交易市场，畅通社会力量参与生态保护补偿的渠道。

（六）坚持“核算评估”与“产品认证”相结合

建立 GEP 核算标准体系，汇集部门和专家意见，修订出台 GEP 核算办法，研究制定项目、村镇级的 GEP 核算办法，形成生态产品价值核算的地方标准体系。建设生态产品价值实现大数据平台，建立相应的协调机制，整合分散在政府部门、科研机构的农业、气象、水利、林业、遥感、污染物等多源异构数据，建立数据处理和分析模型，推进 GEP 核算。构建生态产品质量认证体系，对标 FSC、MSC 水产品等国际先进认证标准，建立健全物质化生态产品的质量认证制度，制定生态产品质量认证管理办法，推进“生态标识”认证，不断提升生态产品附加值。

（七）坚持“资金保障”与“科技支撑”相结合

推动生态产品开发纳入绿色金融的支持范围，对具备条件的项目给予绿色信贷贴息，因地制宜挖掘地方特色的生态产品类型，创新与其价值实现相匹配的绿色金融工具，建立政府购买生态产品机制。加强基础研究和能力建设，组织相关领域的科研院所，围绕生态产品价值实现的关键方法、关键问题实施一批基础科研项目，培育生态服务价值评估、价值实现路径研究等方面的技术支撑机构。

参考文献

［1］蔡颖萍：《安吉践行“两山”转化的路径与机制分析》，《湖州职业技术学院学报》2020 年第 4 期。

［2］黄岩、王博文：《习近平“两山”理念的安吉实践及其启示》，《社会主义核心价值观研究》2020 年第 5 期。

［3］俞梦娇、张一靓、张纯业、来莱：《浙江省安吉县生态文明建设探索：历程、成效与提升策略》，《台湾农业探索》2019 年第 3 期。

［4］李静、闵庆文、吴华武：《安吉生态环境保护与建设实践及其启示》，《中国人口·资源与环境》2014 年第 2 期。

［5］杨晓蔚：《安吉县“中国美丽乡村”建设的实践与启示》，《政策瞭望》2012 年第 9 期。

［6］郑云华、高帅、潘婧、赵祖亮、廖彦：《湖州市践行绿水青山就是金山银山理念的实践思考》，《再生资源与循环经济》2022 年第 3 期。

［7］刘峥延：《以生态产品价值转化助推乡村振兴——浙江的经验与启示》，《中国经贸导刊》2021 年第 14 期。

［8］李雪梅：《加快生态产品价值转化的浙江经验》，《海峡通讯》2020 年第 11 期。

［9］方敏：《生态产品价值实现的浙江模式和经验》，《环境保护》2020 年第 14 期。

［10］《首试生态价值实现机制，浙江打开“两山”通道》，《领导决策信息》2019 年第 20 期。

第四章

安吉生态产品价值实现的重点领域

生态产品通常分为三大类，第一类是物质产品，包括食物、水资源、木材、棉花、医药、生态能源及生物原材料；第二类是生态调节服务产品，主要有涵养水源、调节气候、固碳、生产氧气、保持土壤、净化环境、调蓄洪水、防风固沙、授粉等；第三类是文化服务产品，主要有自然体验、生态旅游、自然教育与精神健康等。安吉县因地制宜，大力发展生态农业进行生态物质产品价值实现，积极开展环境保护修复，实现调节服务的价值，持续加强生态文化旅游，实现生态文化服务的价值。

第一节　安吉生态物质产品的价值实现

一　安吉县生态物质产品概况

物质产品指的是人类从生态系统获取的可在市场交换的各种物质的产品，如食物、纤维、木材、药物、装饰材料与其他物质材料。这类产品一般具有实物形态。按照产权“公—私”二分法，属于私产，在交易过程中涉及所有权的转让。建立和完善生态产品价值实现机制的基础是市场交易规则。安吉县有着丰富的生态物质产品，“竹生荒野外，稍云耸自寻，无人赏高节，徒自换真心”。在中国，竹子与梅、兰、菊被并称为“四君子”，它以其中空、有节、挺拔的特性历来为人们所称道，成为中国人所推崇的谦虚、有气节、刚直不阿等美德的生动写照。把一支简单的竹子，理解得那么透彻，不得不佩服古人平中见奇的价值追求。我国有名的竹乡当属浙江湖州的安吉县。安吉县竹相关加工企业1500余家，其中高新技术企业10家。竹业相关产品有竹凉席、竹地板、竹窗帘、竹地毯、竹餐具、竹工艺品、竹胶板、竹家具、原竹建筑、竹笋及其制品、竹炭、竹醋、竹叶黄酮及制品、竹生物质燃料、竹纤维纺织产品、竹工机械等；竹产品注册商标200多个，各类专利技术1000多个，中国驰名商标3个，国家地理证明商标1个，浙江省著名商标4个，浙江省名牌产品4个，参与制定了竹地板、竹席、竹工机械、竹炭、竹纤维、竹苗、竹林经营认证等产品的团体、行业或国家标准。安吉全域打造“优雅竹城、风情小镇、美丽乡村”，拥有中国大竹海、余村——中国竹子博览园、中南百草原、江南天池、浪漫山川4A级竹林景区5个，建有黄浦江源、藏龙百瀑等竹子特色景区12个，农家乐600余家，床位达1.5万张，高端特色民宿60余家，建成中国竹子博物馆、竹叶龙博物馆、山民文化馆、竹印象馆等十余个竹文化展示场馆，安吉竹文化系统为国家重要农业文化遗产。安吉毛竹立竹量（1.7亿株）、年产商品竹（3000万株）、年出口创汇（3亿美元）、竹业综合产值（超200亿元）均居全国第一。

注释专栏1　安吉绿色竹业创新服务综合体重点研发项目立项项目清单见表4-1

安吉县科技局下发了《关于下达安吉绿色竹业创新服务综合体重

点研发项目的通知》，安吉首次开展竹产业领域重点研发项目立项，11 个项目入选。

表 4-1 安吉绿色竹业创新服务综合体重点研发项目立项项目清单

序号	项目名称	项目承担单位
一	揭榜挂帅项目	
1	竹废弃物的食物菌基质化处理技术研究与林下食用菌种植示范	中国林业科学研究院亚热带林业研究所
2	竹笋加工废弃物高质化利用及关键工艺设备研发	国家林业和草原局竹子研究开发中心
3	轻便高效竹材采运设备	浙江农林大学
4	竹材初加工连续化智能化装备研制	浙江省林业科学研究院
二	重大专项	
5	笋干切丝自动化生产设备关键技术的研发及示范	浙江耕盛堂生态农业有限公司
6	竹制快消品全自动化生产线关键技术研发与示范	浙江峰晖竹木制品有限公司
7	便携式智能冬笋探测仪研制	安吉八塔机器人有限公司
8	基于竹纤维的 PFM 完全生物降解材料研发与产业化	浙江森林生物科技有限公司
9	基于物理方式的环保友好型毛竹原竹纤维提取技术研究与应用	安吉竹能生物质能源厂
10	防霉防开裂竹木塑复合板材高温挤压生产关键技术及产业化应用	浙江坤鸿新材料有限公司
11	竹材胶合板防腐防开裂核心技术研发及产业化应用	安吉美尚家具有限公司

此次开展项目立项，是在竹产业振兴的背景下，以政策激励的形式，鼓励企业与科研院所合作，共同开展共性难题的技术攻关，从而为竹产业振兴提供科技支撑。

当前，竹产业发展的共性难题主要集中在原料采伐及初加工的成本较高、效率偏低，竹加工废弃物开发利用的方式单一，“以竹代木”“以竹代塑”实现难度大等方面。为了引导竹产业创新发展，破解共性难题，安吉县启动了省级产业创新服务综合体——绿色竹产业创新服务综合体的创建工作，出台了《安吉绿色竹产业创新服务综合体项目管理办法（试行）》，该综合体于2021年6月正式建成运营，并引入了第三方专业机构开展运营。

经过前期大量调研和综合考量，本次竹产业重点研发项目申报的领域集中在轻便高效竹材采运设备研发、竹材初加工设备提升、竹加工废弃物高质化利用、竹质（竹笋）快消品自动化生产设备研发、新型竹质碳素以及纤维材料研发、竹笋探测设备研发、原竹及竹质板材重塑提升七大方面。

项目分“揭榜挂帅”与“重大专项”两类。“揭榜挂帅”项目申报单位为国内高校、科研院所、新型研发机构等事业单位，必须与安吉县内企业组成产学研联合体开展项目攻关。“重大专项”项目申报单位为在安吉县域注册登记的企业，且有一定的研究基础、人才队伍和创新实力，已有的研究成果和转化应用实绩良好。优先支持企业与相关科研机构、高校、专业机构共同组建项目技术攻关团队共同开展项目研发。

二　安吉生态物质产品价值核算

（一）直接利用供给产品

用直接利用供给产品产量作为核算指标。统计各类直接利用供给产品产量，按照统计部门分类体系，对同类型产品按式（1）进行求和。

$$Yf = \sum_{j=1}^{n} Yfi \tag{1}$$

式中：

Yf——供给产品产量，单位视具体产品而定；

Yfi——i 类供给产品产量，单位视具体产品而定；

n——核算地域同一类型直接利用供给产品的类别数。

（二）转化利用供给产品

用可再生能源产量或使用量作为核算指标。统计各类可再生能源产量或使用量，按式（2）进行求和。

$$Yee=\sum_{j=1}^{n} Yeei \tag{2}$$

式中：

Yee——可再生能源产量或使用量，单位：kWh/a；

$Yeei$——i 类可再生能源的产量或使用量，单位：kWh/a；

n——核算地域可再生能源类型的数量。

第二节 安吉生态调节服务的价值实现

一 安吉生态调节服务价值概述

调节服务指的是生态系统提供改善人类生存与生活环境的惠益，如调节气候、涵养水源、保持土壤、调蓄洪水、降解污染物、固定二氧化碳、氧气提供等。这类产品价值是由自然资源资产的固有属性承担的，一般不具有实物形态，但是对人类生存生活至关重要。

安吉县位于长三角腹地，是浙江省湖州市的市属县。与浙江省的长兴县、湖州市吴兴区、德清县、杭州市余杭区、临安市和安徽省的宁国县、广德县为邻。在东经 119°14′—119°53′和北纬 30°23′—30°53′，面积 1885.71 平方千米。天目山脉自西南入境，分东西两支环抱县境两侧，呈三面环山，中间凹陷，东北开口的“畚箕形”辐聚状盆地地形。地势西南高、东北低，县境南端龙王山是境内最高山，海拔1587.4米，也是浙北的最高峰。山地分布在县境南部、东部和西部，丘陵分布在中部，高原分布在中北部，平原分布在西苕溪两岸河漫滩，各占面积11.5%、50%、13.1%和25.4%。安吉县盛产竹子，为全国著名的“竹乡”。

县内主要水系为西苕溪。它的上游西溪、南溪于塘浦长潭村汇合后，形成西苕溪干流，然后由西南向东北斜贯县境，于小溪口出县。沿途有龙王溪、浒溪、里溪、浑泥港、晓墅港汇入。西苕溪县内流域面积1806平方千米，主流全长110.75千米。出县后过长兴经湖州注入太湖，再流入黄浦江。

安吉县属北亚热带季风气候区，气候特点是：季风显著、四季分明；雨热同季、降水充沛；光温同步、日照较多；气候温和、空气湿润；地形起伏高落差大、垂直气候较明显；风向季节变化明显，夏季盛行东南风，冬季盛行西北风。常年（气候统计值1981—2010年）平均气温16.1℃，年平均日照差9.8℃，年降水量1423.4毫米，年雨日152.8天，年日照时数1771.7小时。

安吉县生态环境优良，植被资源丰富，森林覆盖率和植被覆盖率均保持在70%以上；大气环境好，大气负氧离子平均浓度达8000个/立方厘米，达到世卫组织“特别清新”标准，浓度最高的地方高达40000个/立方厘米，空气质量优良率保持在83%以上。近年来，植被覆盖率和空气质量不断提高，良好的生态环境、独特的气候景观，加上四季润泽、夏夜凉爽、春秋宜人、冬季多雪赏雪期长等气候特色，使得安吉成为避暑、休闲、赏景的生态旅游度假胜地。2018年9月荣获全国首个“中国气候生态县”称号，2019年7月安吉县“山川乡”全域和浙北大峡谷成功入选浙江省避暑气候胜地。

安吉县境内拥有丰富的调节服务产品，如抽水蓄能：天荒坪抽水蓄能电站为日调节纯抽水蓄能电站，电站总装机容量 180 万千瓦，以其灵活的调峰、填谷、调频、调相和紧急事故备用的运行优势，为华东电网安全运行和可靠供电做出了积极贡献。这是一个绿色清洁的“超级充电宝”——年发电量 31.6 亿千瓦时，年抽水用电量（填谷电量）42.86 亿千瓦时，承担系统峰谷差 360 万千瓦任务。一年可节约标准煤 17 万吨，可减少二氧化硫排放 2800 吨。

除了工程本身给电网带来的调节作用外，抽水蓄能电站所在地区通常山水优美、空气清新，结合水库环境和大坝工程，是天然的旅游观光、健康休闲、科普教育和工业文化展示等一体化的文旅健康产业基地。依托“江南天池”的旅游开发，天荒坪这个曾经藏于深山名不见经传的贫困小山村，彻底摆脱了靠开矿、造纸等以破坏环境为代价的经济发展模式，变成现代桃花源，真正将绿水青山变成了金山银山，走上了“人与自然和谐、经济与社会和谐”的绿色发展道路，成为习近平总书记“绿水青山就是金山银山”发展理念的美丽名片，也为国家生态文明建设提供了鲜活的样板。

为贯彻落实习近平主席在七十五届联合国大会一般性辩论上提出的我国应对全球气候变化国家自主贡献目标，以及适应“30 碳达峰 60 碳中和”的新形势新要求。天荒坪抽水蓄能电站所在的浙江省积极响应国家安排，组织中国电建华东院开展了全省范围内的抽水蓄能选点规划工作，除解决自身的发展需要外，积极考虑江苏省及上海市的需求，在长三角区域一体化发展的格局下统筹开发，至 2030 年建设抽水蓄能规模约 3000 万千瓦。选点规划过程中，浙江省除坚持电站开发与新型电力系统合理布局需求相结合外，还进一步突出电站开发助力浙江山区 26 个县高质量跨越式发展、实现共同富裕的带动作用，特别重视电站开发与当地生态环境保护相结合、促进生态环境价值转换的发展理念。

新形势下发展抽水蓄能，与习近平总书记“绿水青山就是金山银山”科学论断高度契合，是对生态文明的觉醒、自觉和担当。开发抽水蓄能电站要坚定不移地践行习近平生态文明思想，让美丽山水和科学发展、生态发展激情碰撞，沿着天荒坪抽水蓄能探索出来的绿色发展之路继续走下去，为构建以新能源为主体的新型电力系统，为碳达峰、碳中和目标做出更大贡献。

森林康养：安吉县森林康养是以森林生态环境为基础，利用森林景观、森林环境、森林食品等资源，配备相应的养生休闲及医疗服务设施，开展游憩、度假、疗养、养老等一系列有益身心健康的活动。近年来，安吉县充分发挥森林资源独特优势，大力拓展森林多重功能，从主打生态旅游牌向康养产业转型。目前，全县有 4 家单位入选中国森林养生基地、6 家单位被列入全国森林康养基地试点建设单位，创建省级森林人家 29 个、省级森林特色小镇 8 个。“作为以森林旅游为基础延伸出来的一种新业态，森林康养产业包括森林休闲、保健、森林文化与教育（科普）、森林体验、森林运动（马拉松及徒步）、森林露营、森林浴、森林氧吧等多种相近业态，被业内专家称为‘林业 4.0 版本’。”

安吉森林康养规划重点打造“一心三区四带 四季全域多元”的产业发展格局。“一心”即以县城为重心，以灵峰旅游度假区为依托，推进县域中部 25 千米高端休闲产业带，重点发展森林休闲度假产业、康养饮食产业和养生养老产业。“三区”就是建设西部、南部和北部森林康养重点功能区，利用西部的浙江安吉小鲵国家级自然保护区等、南部的竹乡国家森林公园和天荒坪省级风景名胜区等、北部的吴昌硕先生故里和白茶产地等，发展不同类型的康养产业。“四带”则是以4条美丽乡村精品旅游线路为基础，利用美丽乡村建设基础，整合、联结沿线各类森林康养产业资源，打造“中国大竹海”森林康养产业带、“昌硕故里”森林康养产业带、“黄浦江源”森林康养产业带和“白茶飘香”森林康养产业带。

二　安吉调节服务价值量核算方法

（一）水源涵养

用水源涵养总量作为核算指标，采用水量平衡方程，核算按式（1）。

$$Q_{wr} = \sum_{j=1}^{n} Ai \times (P_i - R_i - ET_i + C_i) \times 10^{-3} \quad (1)$$

式中：

Qwr——水源涵养总量，单位：m^3/a；

Ai——第 i 类生态系统的面积，单位：m^2；

Pi——第 i 类生态系统的年产流降水量，单位：mm/a；

Ri——第 i 类生态系统的年地表径流量，单位：mm/a；

ETi——第 i 类生态系统的年蒸发量，单位：mm/a；

Ci——第 i 类生态系统的年侧向渗漏量，单位：mm/a，默认忽略不计；

n——核算地域生态系统类型的数量。

注：水源涵养量是指降水输入与地表径流和生态系统自身水分消耗量的差值。

（二）土壤保持

用土壤保持量作为核算指标，核算按式（2）。

$$Qsr = \sum_{j=1}^{n} R \times K \times L \times S \times (1-C) \times Ai \quad (2)$$

式中：

Qsr——土壤保持总量，单位：t/a；

R——降雨侵蚀力因子，单位：MJ·mm／（hm^2·h·a）；

K——土壤可蚀性因子，单位：t·hm^2·h／（hm^2·MJ·mm）；

L——坡长因子；

S——坡度因子；

C——植被覆盖因子；

Ai——第 i 类生态系统的面积，单位：hm^2；

n——核算地域生态系统类型的数量。

注：土壤保持量是指没有地表植被覆盖情形下可能发生的土壤侵蚀量与当前地表植被覆盖情形下的土壤侵蚀量的差值。

（三）洪水调蓄

用洪水调蓄量作为核算指标，核算按式（3）。

$$Cfm = Cfc + Clc + Cmc + Crc \quad (3)$$

式中：

Cfm——洪水调蓄总量，单位：m^3/a；

Cfc——森林、灌丛、草地洪水调蓄总量，单位：m^3/a；

Clc——湖泊洪水调蓄量，单位：m^3/a；

Cmc——沼泽洪水调蓄量，单位：m^3/a；

Crc——水库洪水调蓄量，单位：m^3/a。

（四）水环境净化

用水体污染物净化量作为核算指标，按照 GB 3838—2002 中对水环境质量应控制项目的规定，选取 COD、氨氮、总磷等污染物指标，核算方法有两种情况。

如果地表水环境质量劣于Ⅲ类，水体污染物净化量为生态系统自净能力，核算按式（4）。

$$Qwp = \sum_{j=1}^{n} 1\ Qi \times A \tag{4}$$

式中：

Qwp——水体污染物净化总量，单位：t/a；

Qi——湿地生态系统对第 i 类水体污染物的单位面积年净化量，单位：t/（km^2·a）；

A——湿地生态系统面积，单位：km^2；

n——核算地域水体污染物类型的数量。

如果地表水环境质量等于或优于Ⅲ类，水体污染物净化量为排放量与随水输送出境的污染物量 之差，核算按式（5）。

$$Qwp = \sum_{j=1}^{n}[(Qei + Qai) - (Qdi + Qsi)] \tag{5}$$

式中：

Qwp——水体污染物净化总量，单位：t/a；

Qei——第 i 类污染物入境量，单位：t/a；

Qai——第 i 类污染物排放总量，主要包括城市生活污染、农村生活污染、农业面源污染、养殖污染、工业生产污染排放的水体污染物，单位：t/a；

Qdi——第 i 类污染物出境量，单位：t/a；

Qsi——污水处理厂处理第 i 类污染物的量，单位：t/a；

n——核算地域水体污染物类型的数量。

（五）空气净化

用大气污染物净化量作为核算指标，按照 GB 3095—2012 中对环境空气质量应控制项目的规定，选取二氧化硫、氮氧化物等污染物指标，核算方法有两种情况。

如果环境空气质量劣于国家二级，大气污染物净化量为生态系统自净能力，核算按式（6）。

$$Qap = \sum_{j=1}^{n} \sum_{j=1}^{m} Qij \times Ai \tag{6}$$

式中：

Qap——大气污染物净化总量，单位：t/a；

Qi——第 i 类大气污染物排放量，单位：t/a；

n——核算地域大气污染物类型的数量。

（六）固氮

用二氧化碳固定总量作为核算指标，采用净生态系统生产力估算方法，核算按式（7）。

$$QCO_2 = MCO_2/MC \times NEP \tag{7}$$

式中：

QCO_2——陆地生态系统二氧化碳固定总量，单位：t·CO_2/a；

MCO_2/MC——CO_2 与 C 的分子量之比，即 44/12；

NEP——净生态系统生产力，单位：t·C/a

（七）释氧

按照 GB/T 38582—2020 表 1 中释氧功能量核算方法。

（八）气候调节

用生态系统蒸腾蒸发消耗的能量作为核算指标，核算按式（8）。

$$Ett = Ept + Ewe \tag{8}$$

式中：

Ett——生态系统蒸腾蒸发消耗的总能量，单位：kWh/a；

Ept——植被蒸腾消耗的能量，单位：kWh/a；

Ewe——水面蒸发消耗的能量，单位：kWh/a。

（九）负氧离子

按照 GB/T 38582—2020 表 1 中负氧离子功能量核算方法。

◈第三节　安吉生态文化服务的价值实现

一　安吉生态文化服务概述

文化服务指的是人类通过精神感受、知识获取、休闲娱乐和美学体验从生态系统获得的非物质惠益，如休闲旅游、景观价值等。文化服务价值实现包括两部分。首先是服务本身，如景区的风景给游客带来的愉悦。这类服务具有公共属性，在价值实现过程中不涉及服务的转移。因为无法限制其他游客进入景区欣赏风景。其次是由服务本身衍生的传统经济市场的产品和服务，如餐饮、住宿、纪念品等。这类衍生产品和服务具有私人性。总体而言，文化服务的价值实现主要依靠市场规则。吸引更多的游客和消费是文化服务变现的主要来源。

生态文化产业以生态资源为基础，以文化创意为内涵，以科技创新为支撑，以提供多样化的生态文化产品和生态文化服务为主，以促进人与自然和谐为最高理念，向消费者传播生态的、环保的、文明的信息与意识，努力追求生态、文化、经济协调发展的产业，这是充分考虑了文化产业与生态文明的关系而形成的。

生态文化本身就是一个产业。这就是说，生态不仅仅是一个形而上的概念，而是一个实实在在的、人们瞬息都不能离开的东西，如干净的水、清新的空气、良好的生态环境以及绿色食品等生态产品。当下社会，物质性的产品在市场上并不缺乏，而生态性的产品反而短缺。生态文化产业应当自觉承担社会责任，要通过媒体、广告和文化会展等形式，普及广大民众的生态环境知识，自觉保护生态环境，维护自身的生态权益。要大力发展绿色食品产业、生态休闲产业和森林旅游产业，为民众提供更多的生态产品和服务。生态文化产业应当使生态文明的宏大叙事，转为民众可见的生态产品和服务，从而为民众所接纳。

乡村旅游：2016 年安吉县接待国内外游客 1828.84 万人次，实现旅游收入 233.16 亿元、门票收入 4.68 亿元，同比分别增长 22.31%、32.74%、26.12%。安吉由此获得了全国首个“休闲农业与乡村旅游示范县”以及“国家乡村旅游度假实验区”“全国旅游标准化示范县”等一系列荣誉称号。2017 年接待游客 1829 万人次、总收入 233 亿元。作为“两山”理念诞生地、中国美丽乡村发源地，安吉乡村旅游从无到有，再到炼成“安吉模式”。其具体的做法主要有：

一是以精准规划增强发展乡村旅游的牵引力。安吉的旅游专项规划与上位规划紧密衔接，坚持县域总规划的坐标、经济社会发展规划的目标、土地利用规划的指标“三标合一”，明确了休闲农业展“一区一轴三带”的规划布局。二是以优质景点增强发展乡村旅游的生命力。安吉乡村旅游主打生态牌，以原生态景点吸引了全国各地的游客，景点相互串联形成旅游线路。旅游线路上吃住行游购娱康养学等旅游要素也较为完备，综合效益较高。三是以彰显特色增强发展乡村旅游的爆发力。一个地方要从众多地域中脱颖而出，成为人们心目中的旅游胜地，个性化的旅游资源是非常关键的因素。例如，鲁家村的旅游小火车，成了“网红小火车”，游客可以沿途参观村里的 18 个家庭农场。四是以宣传营销增强发展乡村旅游的推动力。安吉的乡村旅游靠着《卧虎藏龙》这部电影闻名天下。针对不同的市场推不同的广告，重点实施“美丽乡村走遍长三角”旅游宣传促销，全方位、高密度宣传，力求让“中国美丽乡村”品牌家喻户晓、深入人心。五是以舒心服务增强发展乡村旅游的吸附力。安吉的乡村旅游十分注重配套服务，布局建设了总长190.3千米的旅游交通环线，还积极打造县域旅游集散服务中心和智慧旅游服务平台等基础设施，力求让游客玩得舒适、舒心。六是以地域文化增强发展乡村旅游的驱动力。安吉凭借底蕴深厚的文化，挖掘利用当地的历史古迹、传统习俗、风土人情，为乡村建设注入人文内涵，展现独特魅力。涌现出了书画村、金族文化村、生态屋、山民博物馆等各具魅力的文化景观。

二　安吉县生态文化服务价值量核算方法

以生态旅游为代表，用游客人次作为核算指标，包括旅游景区和农家乐的游客人次，核算按式（9）。

$$Nt = \sum_{j=1}^{n} Nti \tag{9}$$

三　核算生态系统生产总值

生态系统生产总值核算按式（10）。

$$GEP = EMPV + ERSV + ECSV \tag{10}$$

式中：

GEP——生态系统生产总值，单位：元/a；

$EMPV$——供给产品价值总量，单位：元/a；

$ERSV$——调节服务价值总量，单位：元/a；

$ECSV$——文化服务价值总量，单位：元/a。

第五章

安吉生态产品价值实现的原始创新

湖州是全国首批绿色金融改革创新试验区，近年来通过一系列的改革与创新举措，初步形成了以“绿水青山就是金山银山”理念引领绿色金融改革的“湖州模式”，成为浙江省乃至全国金融生态环境最好的城市之一。遵循习近平总书记指示，安吉县在对过去十余年来美丽乡村建设、两山绿色金融、最美县域建设等两山转化实践进行系统性总结和提炼的基础上，以数字化改革为牵引，于2020年6月在全省率先探索建立县域“两山银行”，以生态资源向资产、资本的高质量、高效率转化为目标，创新打造绿色产业与分散零碎的生态资源资产之间的中介平台和服务体系，助力乡村全面振兴实现共同富裕提供了转化路径和示范，具有重大而深远的意义。

第一节　安吉“两山银行”的理念创新

安吉县两山生态资源资产经营有限公司（简称安吉“两山银行”），为安吉城投集团全资子公司，注册资本6亿元，为浙江省首个“两山银行”示范基地，具体负责安吉“两山银行”平台搭建和后期运营，并率先成立“乡镇两山生态资源资产经营有限公司”（乡镇“两山银行”)，统一主体和名称对外运营。通过设立县乡两级两山公司，创新“县级两山公司统筹项目规划、乡镇两山公司着力项目落地”运营联动机制，并广泛吸纳N个多元主体参与建设“两山银行”项目，实现对全县生态资源进行统一规划、统一收储、统一开发。

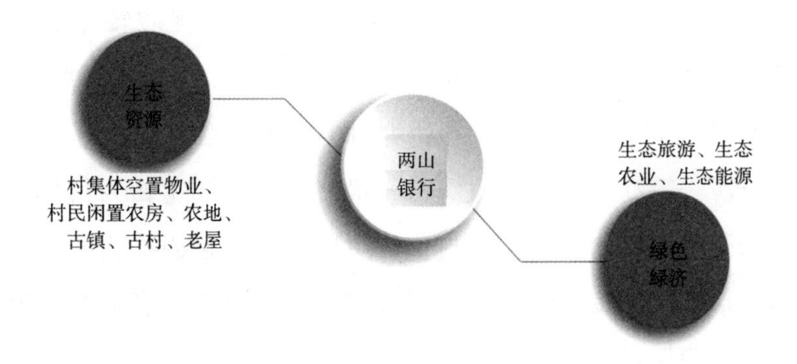

图5-1　安吉两山银行交易平台

安吉“两山”银行培育了新理念，就是以资源共享、机制共建、利益共赢、风险共担，可试点、可复制、可推广的总思路，积极拓宽“两山”转化路径，通过开展“两山银行”试点建设，实现以“生态资源利用率更高、生态产品附加值更高、生态价值提升率更高、转化模式推广率更高、价值实现机制适用性更高”为主要内容的“生态产品价值更高水平转化”，让好生态变成好产品，好资源对接好资本，好产品建立好认证，好资产兑现好价值，好风景演绎好经济。

安吉“两山银行”具有可储蓄、有利息、能融资的特点，这一特点将碎片化的生态资源转化为可计价、可交易、可融资的生态产品，交由市场开发运营。交易的本质是相关权益的变更、流转。生态资源不外乎山、水、林、田、湖、草、地、房、矿，这些“沉睡”的生态资源存在碎片化、低效化等特点，想让它们吸引投资，带动乡村发展、农民增收，必须要让它们变得更有价值。通过搭建“乡村资源数字平台”，不仅各乡镇、村庄的闲置生态资源分布情况一目了然，通过一系列优化组合，这些资源还被包装成千变万化的“产品”，然后对外招商。“两山银行”的股权投资、承诺收购等同样成了吸引社会投资、扶助项目落地的一个很好方式。“两山银行”一端连着乡村百姓，一端牵着资本市场，一旦打开生态资源高效优质转化的便捷通道，那些原本“守着金饭碗讨饭吃”的生态村，就变得大有前途。“两山银行”不是一个单纯以盈利为目的的国资公司，而是以盘活乡村生态资源、带动老百姓增收致富、最终实现共同富裕为目标。在一些乡村的开发中，明确规定了村集体可以将生态资源作为股权入股项目开发，享受后续发展红利。通过股权投资、自营或者为开发商续力的方式，来确保自身平台的活力，最终将生态资源转化为乡村可持续发展的动力。

一　交易内容创新

从内容上看，“两山银行”的适用范围更广，不仅包含山水林田湖草等自然资源，还包括与之相关的适合集中经营的农村宅基地、集体经营性用地、农房、古村、古镇、老街等，需要集中保护开发的耕地、园地、林地、湿地以及可供集中经营的村落、集镇、闲置农村宅基地、闲置农房、集体资产等，这些都是“两山银行”的目标资源资产。

二　转化方法创新

从方法上看，“两山银行”更重在解决新问题。2005 年 8 月 15 日，时任浙江省委书记的习近平同志到安吉县余村考察，充分肯定村里关停矿山、水泥厂的做法，首次提出“绿水青山就是金山银山”的发展理念。15 年来，安吉以“两山”论为指导，探索出了一条生态美、产业兴、百姓富的绿色发展之路，但这种转化仍然存在集约化、品牌化程度还不够高的问题。“两山银行”的试行，正是为了解决“两山”转化碎片化的问题，发挥生态资源“零存整取”的作用，让生态资源走上品牌化、集约化发展之路。安吉正以“两山银行”为依托，整合建立起以“‘两山’农品汇”“安吉白茶”“安吉冬笋”等核心品牌为主的地域特色公用品牌体系，把好生态变成好产品、让好产品卖出好价钱。

三 组织形式创新

从组织形式上看，“两山银行”试点更是要通过搭建政府引导、企业和社会各界参与、市场化运作的生态资源运营服务体系，形成政府、集体、个人共同参与的治理模式，协同推进农村产权制度等配套改革，建立以生态产品价值保值增值为目标的监管体系，拓宽“两山”转化路径，为全国践行“两山”理念提供安吉样板。

四 转化技术创新

从技术上看，由于部门间数据存在壁垒，现实操作过程中难度较大，“两山银行”试点难以展开，于是安吉县利用大数据建立“两山”数据超市，实现数据共享互通，“两山银行”迅速产生效益，目前“两山”数据超市协同“两山银行”的方式在无须大量消耗自然资源的情况下，就能实现对自然资源的市场分配，完成“绿水青山”向“金山银山”转化；将生态资源存入“银行”待价而沽，前提是摸清生态家底，安吉县利用卫星遥感、区块链等数字化手段开展资源调查，合理评估生态资源资产价值；此外浙江省湖州市运用现代信息技术，开发建设绿色金融综合服务平台，下设“绿贷通”“绿融通”“绿信通”三大金融服务子平台，为绿色企业提供银行信贷、资本对接、融资担保、绿色认定、政策申报等“一站式”金融服务，帮助企业精准对接银行，提升融资效率、降低融资成本。

第二节 安吉“两山银行”的机制创新

一 运行机制

随着“两山银行”的不断完善和发展，“两山银行”逐渐形成了比较成熟的运行机制，该机制包含运营模式、资源收储、招商开发、产业运营、价值实现、交易和占补平衡及风险控制等多个环节。

在运营模式方面，由政府主导，强化顶层设计，统筹推进生态资源调查摸底、平台公司组建、发展要素保障等系列工作；并在“两山银行”运营初期，采用资源整合、资产注入、资金扶持等方式，确保“两山银行”顺利运营。积极导入市场主体，联合县内相关行业企业组建“两山银行”产业运营联盟，促进优质生态资源与优质社会资本的无缝对接，打通资源变资产、资产变资金、资金变资本的通道，实现产业化、多元化、品牌化发展。

在资源收储方面，根据资源开发方向、开发价值将收储资源进行分类，分别采用登记、存储、收储三种方式进行处置。根据所收储资源不同属性，采取聘请专业评估机构、大数据分析等形式，进行统一估值，并向被收储人出具资源存单。

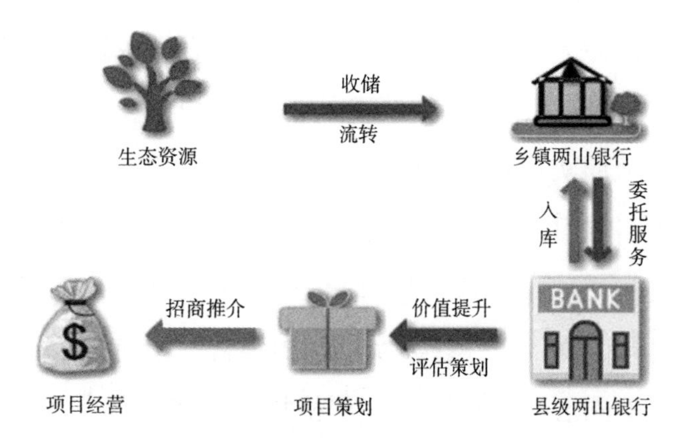

图 5-2 两山银行运行流程

在招商开发方面，有整合提升。通过集成整合或适度配套实现在册资源产品价值的最大化。按照“产品化、项目化”要求，对收储的资源进行集中整合，并根据需要进行水电路等必要配套建设，形成可定价可交易可招商的生态产品，提升资源对资本的吸引力。有招商文本，根据资源的分级分类编制招商手册，确保收储的每一宗资源有基础数据介绍、开发方向建议、建设投资估算、市场前景分析等。有对接渠道，整合“两山银行”内部招商人员和县级专业招商力量，导入县协作中心“招商通”端口，精准对接客商。

在产业运营方面，大力推行招商推介。所有收储资源优先向社会资本和产业运营联盟成员单位进行推介，减小对“两山银行”自身的资金占用和运营压力。有专业团队，我们内部组建专业运营力量，并导入外部优秀运营团队，确保自营项目有收入、能盈利。

在价值实现方面，建立生态系统生产总值（GEP）核算体系，动态化构建区域生态服务功能量“一张图”，衡量和展示生态系统状况。并建立碳中和、碳平衡交易机制。在区域生态功能量不降低的前提下，实现碳汇指标的区域。

在交易和占补平衡方面，主要通过建立生态资源资产开发村集体和农户利益联结机制，来实现“资源从农民手里来，资金到农民手里去”的目标，从而实现共同富裕。

在风险控制方面，前期以客观细致的评估调查实现从源头控制风险。在资产收储、对外投资、主体增信等行为实施前，聘请专业机构进行评估、尽调、审计，一些涉及“两山银行”所有重大事项，按照额度规定提交不同层面会议决策，严格规范决策行为。“两山银行”主要依托数字化平台，通过大数据分析，及时发现投资、增信和内部管理的风险点、隐患点，并作出风险预警，采取措施规避风险。

二 交易机制

易机制包括自然资源处理过程、交易过程等环节，具体交易结构参照图 5-3 所示。

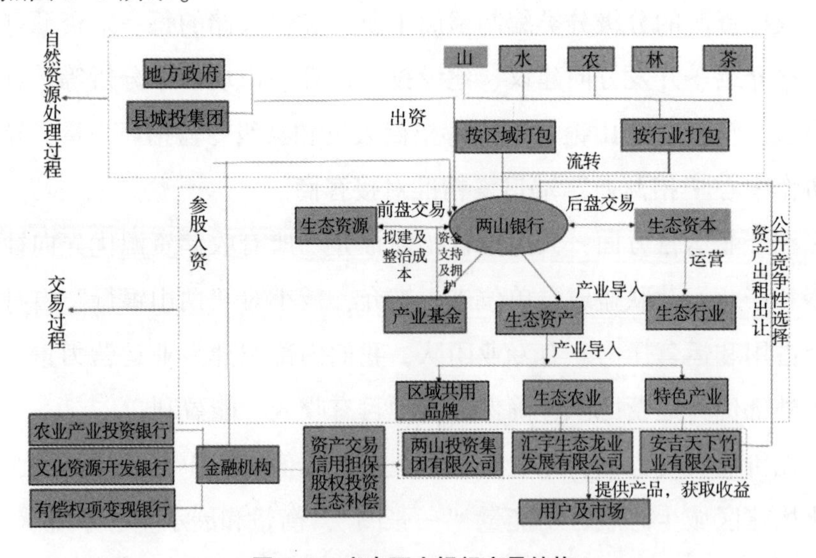

图 5-3 安吉两山银行交易结构

在自然资源处理过程方面，由县政府和县城投集团向“两山银行”投入资金，“两山银行”对浙江省山、水、农、林、茶等闲置的、抛荒的自然资源选择标的以及确权，聘请专业评估机构、由专业评级机构采用大数据分析等形式，进行统一估值，并向被收储人出具资源存单，再根据区域或行业打包流转至“两山银行”。

在交易过程方面，两山银行把标的自然资源一方面进行前盘交易，通过拟建及整治成本等过程形成生态资源，其提供的产业基金又为前盘交易提供大量资金支持。设立产业基金，可以使具有高潜力的企业进行股权投资最终实现资本增值。充分发挥市场导向作用和财政资金杠杆效应，例如，安吉县设立“两山”理念产业基金10亿元，支持生态产品项目开发，加强与县农商行、“两山联合社”、“两山民融”等专业运营机构合作来实现资本增值；另一方面进行后盘交易把打包自然资源转变成生态资本，通过结合生态资本运营形成生态行业。生态资产通过产业导入一方面形成生态行业，另一方面形成区域公用品牌、生态农业和特色产业。通过推进农产品品牌建设，提升农产品区域公用品牌知名度，做大做强农业品牌，探索农业产业“标准化、品牌化、电商化”的发展模式，加快供给侧结构性改革步伐，从而实现百姓增收、企业提档、产业升级的目标。目前，浙江已经产生“丽水山耕”“安吉白茶”“舟山带鱼”等知名农产品区域公用品牌。从生态农业来看，在浙江安吉，108万亩竹海，每年给农民直接带来11亿元收入。17万亩白茶园，串起15800余户种植户、350家茶叶加工企业、31家茶叶专业合作社，整个白茶产业链从业人员达到20多万人，平均每年为每位农民创收5800元。安吉确立生态立县以来，依托“中国竹乡”这一品牌，突出全竹利用、高效利用的战略，加大新产品开发力度，丰富生态产品的形态，形成了特有的5代竹业开发模式。“两山银行”能够通过转让、租赁、承包、抵押、入股等公开竞争性选择形式交易生态资产使用权，盘活既有资产，实现生态资产价值的最大化，安吉集体林权改革中的林权流转就是很好的例子。

三　竹林碳汇收储交易平台案例

安吉县竹林碳汇收储交易平台由安吉“两山银行”创建并运行，其目标是搭建收储已增碳汇和“销售”碳汇闭环的碳汇收储交易市场，推动竹产业绿色创新发展、生态产品价值高质量实现，探索出共同富裕实践新路径。碳汇收储交易具体过程以竹林碳汇交易平台为依托，先从村集体（农户）收购竹林碳汇，再交易给购碳企业，从而实现碳汇交易。为了推动交易顺利完成，通过改革创新，金融机构推出包括针对村集体和农户的碳汇共富贷，针对企业购汇后享受利率下浮的碳汇惠企贷，以及针对平台的碳汇收储贷，同时引入‘竹林碳汇价格指数保险’和‘毛竹碳汇富余价值恢复补偿保险’，为村集体（农户）碳汇交易的收益保底护航。竹林碳汇收储交易平台依托毛竹林碳通量观测系统及国家已公布的《竹林经营碳汇项目方法学》，计划竹林碳汇收储（含预收储）规模为 14.24 万亩，30 年合同总金额达到 7230.79 万元，首批完成收储交易的大里村等五家单位共拿到三年竹林碳汇交易金 108.62 万元，安吉县梅溪镇梓坊村以村里 7195 亩竹林 30 年碳汇收益包装项目，成功拿到 365 万余元的碳汇共富贷，两山竹林碳汇收储交易中心母公司安吉县城投集团获得“碳汇收储贷”意向授信 40 亿元，永裕家居、乐捷股份、大成纸业 3 家企业获得碳汇惠企贷 11900 万元，并与安吉“两山银行”签订碳汇认购协议，合计缴纳购碳资金 41.6 万元，安吉两山竹林碳汇收储交易中心收储已增碳汇和“销售”碳汇形成闭环。安吉这一模式如果得到成熟应用和有效推广，全国产竹区的竹林全部纳入从林地流转—碳汇收储—基地经营—平台交易的全链体系，用竹林碳汇撬动整个竹产业发展，将在推动共同富裕的同时，有效助力全国“双碳”目标的实现。

第三节 安吉“两山银行”的模式创新

“两山银行”并非真正意义上的银行，而是借鉴银行分散式输入、集中式输出模式，把碎片化的生态资源进行规模化的收储、专业化的整合、市场化的运作，把生态资源转化为优质的资产包，从而实现“两山”正规优质高效的转化，它本质上是一个交易平台，让生态资源也像商品一样，被摆到了“超市”里交易，使山水林田湖草等生态资源在开发利用、环境保护等过程中实现应有价值。

一 组织模式

“两山银行”是生态资源的收储、整合、交易平台，是实现“资源—资产—资本—资金”转化的综合性工作平台。“两山银行”由三个中心构成，即生态资源收储中心、运营中心和绿色金融服务中心。生态资源收储中心负责通过赎买、租赁、托管、股权合作、特许经营等方式，将碎片化、零星化的生态资源收储、整合，以最大限度地实现资源的集约化和规模化。运营中心的职责是通过租赁、托管、股权合作、特许经营等方式，将生态资源的经营权、使用权流转到运营平台。接着，绿色金融服务中心负责开展生态资源所有权、经营权的抵质押融资创新，打通生态资本融资渠道，引进金融资本和社会资本，形成多元化投融资格局，为生态产品价值实现提供金融解决方案。其中，运营平台还负责探索河权、水面经营权、采砂权、采矿权、养殖权、林权、公益林和天然林收益权等权益性资产的抵质押贷款。按照市场经济要求，培育生态经济市场经营主体，做大做强生态产业，实现可持续发展。以湖州安吉为例，安吉通过搭建政府引导、市场化运作的生态资源运营服务体系，形成政府、集体、个人共同参与的治理模式。协同推进农村产权制度等配套改革，构建以生态产品价值保值增值为目标的监管体系。经确权、评估，由“两山银行”选择标的，整合提升后推向市场，引入社会资本和运营管理方式。“两山银行”由县城投集团运营管理，高标准构建运营体系。“两山银行”通过构建“1+7+N”的主体架构，县属国企城投集团下属公司注册“安吉县‘两山’生态资源资产经营有限公司”（县级“两山银行”）。先期选取7个乡镇试点，在生态资源评估、流转、交易、经营、管理等方面形成制度成果，适时扩大范围。县级“两山银行”负责全县面上总体规划布局和重大项目的引进、实施，乡镇“两山银行”作为县级“两山银行”的全资子公司，委托给乡镇政府或乡镇平台公司，实行独立经营核算，负责资源筛选申报、县级重大项目前期和小规模项目的自主开发。县乡两级“两山银行”都要实体化运营。

二 盈利模式

企业想要投资，根据地域、资源要素、数量等条件进行搜索，就能找到相关“标的”。金融机构提供资金给公司，通过建立了“农业产业投资银行”“文化资源开发银行”“有偿权项变现银行”等银行，搭建了资产交易、信用担保、股权投资、生态补偿等“全链条”“一揽子”服务平台，帮助落地企业解决后续发展问题。同时立足服务地方经济，积极开展服务创新，有效发挥金融支持地方实体经济的作用。这些公司生产出一些产品并发放到用户及市场来获得收益。

在一些乡村的开发中，明确规定了村集体可以将生态资源作为股权入股项目开发，享受后续发展红利，与此同时，一旦生态资源被收储，村集体或村民就能享有固定收益，不会受项目运作成败影响。一批休闲农业园区提升建设，赋予了更多休闲元素，实现了“园区变景区、产品变礼品、农民变股民”。依托“两山银行”，安吉县孝丰镇还开启了“活血帮扶、区域互动、合作共赢”的集体经济发展模式，组建毛竹股份专业合作社，收储298位农户的闲散竹林，实行经营、统一管理、按股分红。

三　管理模式

安吉“两山银行”实施全域式管理，实现了生态资产资源高效统筹，统一管控全域资源资产，统一评审全域开发项目，对全域资源转化统一了政策。安吉“两山银行”实施分布式推进，实现了上下协同产业多点开花，县乡两级齐头并进，产业开发分类布局，转化模式分布试点，通过多村联创、入股合营等多种组织方式，形成生态旅游、林下经济、飞地经济、绿水经济等多种转化模式。安吉“两山银行”实施数字化赋能，实现生态产品价值高效提升。首先，以数字赋能资源管理。结合数字化改革趋势，安吉县在浙江全省率先启动“数智两山银行”建设，实现全县域生态资源“清单+底图”大数据存储，并畅通县域智治中心“城市大脑”与县国土、矿资、林业等部门平台基础信息交流，打通部门壁垒和信息孤岛，实现全域生态资源“一键管控”，重塑并形成共享、协同、高效的工作推进机制。其次，以数字赋能价值提升。通过打造县域智慧水务、智慧排水、智慧城市等大数据系统，全面推进绿色智慧城市建设、城市有机更新、城乡基础设施一体化、未来社区建设，进一步提升洁净水源、清洁空气、适宜气候、良好生态等自然条件，推动生态优势转化为产业优势，并以此推动生态产品价值实现和价值提升。

四 “两山”成效分析

（一）生态效益逐年增长

将生态资源存入“银行”待价而沽，利用卫星遥感、区块链等数字化手段开展资源调查，合理评估生态资源资产价值。“两山银行”的目标资源资产不仅包含山、水、林、田、湖、草等自然资源，还将与之相关的适合集中经营的农村宅基地、集体经营性用地、农房、古村、古镇、老街等资源“一网打尽”。生态资源资产实现了统一规划、统一管控、统一开发、统一招商，乡镇因此受益颇多。“两山银行”使“细碎化”的资源实现整合聚集、“低效化”的资源实现提质增效、“休眠化”的资源激活变现、“薄弱化”的村集体实现增收、“特色化”的农产品焕发生机。

此外，生态资源“家底”包括全县范围内的山、水、林、田、湖、草等自然资源，以及适合集中经营的农村宅基地、集体经营性用地、农房、古村古镇、老街等，重点是集中保护开发的耕地、园地、林地、湿地和可供集中经营的村落、集镇、闲置农村宅基地、闲置农房、集体资产等。经确权、评估，由“两山银行”选择标的，整合提升后推向市场，引入社会资本和运营管理方。“两山银行”先试点再推广，在生态资源评估、流转、交易、经营、管理等方面形成制度成果，适时扩大范围。安吉“两山银行”不仅优化资源利用、保护稀缺资源外还对提升生态产品价值有了明确规划，将在交易机制、品牌体系、质量监管等方面开展创新探索，构建多样的地域特色公用品牌体系。

（二）经济效益快速提升

除了优化资源利用、保护稀缺资源外，“两山银行”还能节省休闲产业招商和规划成本，实现村集体经济壮大、村民收入多元化。通过“两山银行”将农村闲置抛荒或低效利用的“山水林田湖草地房矿”进行标准化集中收储，使碎片化资源成规模。并以农业产业投资银行、生态资源储蓄银行、低效资产招商银行、文化资源开发银行、有偿权项变现银行“五大行”为目标定位，搭建资源集聚、资产交易、信用担保、招商对接、农业投资、生态补偿“六大平台”，完善村级合作组织、评估机构、担保机构等十大支撑体系，全面摸清生态资源“家底”，实现了低效闲置资源资产集约利用，“风景”变“前景”的大门徐徐拉开。

截至2021年年底，安吉入库县域生态资源转化重点储备项目有108个，总计划投资超200亿元，包括存量建设用地约2000亩、集体经营性建设用地约5000亩、林地10万余亩、水域约1500亩、闲置农房200余幢等。统一招商“两山”项目24个，总计划投资达200亿元，其中超亿元项目10个，盘活闲散存量用地262亩。投资商通过网络累计访问400余人次，考察时间较以往降低75%。成功转化文旅融合、闲置资源盘活等项目19个，涉及10个乡镇（街道）、19个村（社区），营收2.25亿元，村集体经济增收1100余万元，解决群众就业1430余个；同步推进文旅融合、闲置资源盘活、循环经济等项目18个，预计建成运营后，年度营收超3亿元，村集体经济增收超1400万元，解决群众就业1600余个。“两山银行”运行以来，县域生态产品价值翻番。2020年全县村级集体经济总收入同比增长13.1%，生动诠释“存入绿水青山、取出金山银山”的绿色发展实践，推动经济社会发展全面绿色转型，为助力乡村振兴、更好实现共同富裕提供了转化路径和示范样板，是获评浙江省第一批大花园示范县建设单位的唯一优秀县（区）。

（三）社会效益日益显现

一手连线农民百姓，一手牵线资本市场。“两山银行”让生态资源变成百姓红利，带动扶贫消薄、村集体增收，让“守着金饭碗讨饭吃”这一现象得以根本改变。收储的目的是“变现”，变“活物”为“活钱”，变“资本”为“股本”。“两山银行”所建立的增信体系，对生态资源主体的经营权、生产资料等有偿取得权项进行了金融赋能，把农民从土地上彻底“解绑”。林权贷、民宿贷、苗木贷……由“两山银行”增信，通过担保、承诺收购、优先处置等形式，激活变现沉淀化资源，增强发展资金保障。

参考文献

[1] 周宇、周雪妮：《安吉：以数为“媒”绿水青山变“活钱”》，《小康》2022年第9期。

[2] 张国云：《两山银行：让绿水青山变成生产力》，《杭州金融研修学院学报》2021年第8期。

[3] 石敏俊、陈岭楠、林思佳：《“两山银行”与生态产业化》，《环境经济研究》2022年第1期。

[4] 姜玲珍、吴康勇：《“两山银行”搭建生态产品价值实现桥梁》，《浙江经济》2021年第12期。

[5] 徐幸：《以“两山银行”试点为突破口，积极探索“绿水青山就是金山银山”转化新通道》，《浙江经济》2020年第9期。

[6] 刘红飞：《深入推进“两山银行”改革试点》，《浙江经济》

2020 年第 7 期。

［7］侯静怡：《“两山银行”的创新机制、发展瓶颈和突破路径》，《湖州职业技术学院学报》2022 年第 1 期。

［8］陈明衡、殷斯霞：《金融支持生态产品价值实现》，《中国金融》2021 年第 12 期。

［9］周林海、缪得志：《“两山”理念引领金融支持湖州乡村振兴》，《中国农村金融》2019 年第 7 期。

第六章

安吉生态产品价值实现的案例研究

◈第一节　一片叶子的故事：安吉白茶走向远方

“一片叶子不仅成就了一个产业，还富裕了全国好几个地区无数方百姓”。安吉白茶，从20世纪80年代问世以来，在安吉人民的艰苦奋斗下，实现了从无牌、创牌到名牌的蝶变，还带动了3省4县34个贫困村。通过种植安吉白茶踏入了致富之路，被中国茶界誉为绿茶的奇迹。截至2020年全县安吉白茶种植面积达20万亩，产量1950吨，产值27亿元，全县茶产业综合产值达48亿元，占安吉县农业总产值的1/4，占农民年均收入的2/5，全产业链从业人员达到20万人，白茶成为安吉县的支柱产业之一。因以白茶闻名的黄杜村，人均纯收入达到45003元。此外，黄杜村通过“品牌输出”“人才输送”向全国捐赠茶苗1665万株，种植5377亩，覆盖3省4县贫困户1862户，预计直接带动受捐地5839名村民增收致富。

一　案例背景

共同富裕是社会主义的本质要求，是党不懈追求的目标。党的十八大以来，我国脱贫攻坚取得决定性进展，贫困地区群众生产生活条件明显改善，贫困群众收入水平明显提高，获得感明显增强。随着中国特色的脱贫攻坚制度体系不断完善，创造了我国减贫史上的最好成绩，谱写了人类反贫困史上的辉煌篇章。

2018 年 4 月 9 日，为响应中央打赢脱贫攻坚战号召，安吉县黄杜村 20 名农民党员联名致信总书记，汇报了村里种白茶致富的情况，并满怀深情地说“吃水不忘挖井人，致富不忘党的恩”。还提出捐赠 1500 万株白茶苗帮助贫困地区群众种植 5000 亩白茶，并在种、管、销上点对点做好服务，直至贫困地区群众脱贫致富，为脱贫攻坚战贡献一份力量。

浙江省湖州市“安吉白茶帮扶”模式，是自下而上发起的助力西部发展模式，是对东西部协作推动乡村振兴发展的积极探索。“安吉白茶帮扶”由村级党组织提出，村民积极响应，立足于欠发达地区的发展实际。通过创新机制，走出一条先富帮后富、区域协调发展的新路子，推进我国东西部协作发展，实现东部地区高质量发展和欠发达地区跨越式高质量发展，加快缩小城乡发展差距，实现共同富裕。

“安吉白茶帮扶”是由安吉县溪龙乡黄杜村发起的。1990 年，为摆脱贫困落后的面貌，由村党组织发起并引领规模化种植白茶，使白茶成为黄杜村产业发展的“主角”。黄杜村白茶富民的发展得到了习近平总书记的持续关注，经过十几年的产业发展，黄杜村在种植白茶的基础上实现了一二三产融合发展，休闲旅游、农事体验、影视基地、高端民宿、酒店等项目的开展使白茶的附加值不断提升，黄杜村的“万亩白茶园”年产值超 4 亿元，村民人均纯收入超 5 万元。

先富带后富是强村富民的关键所在，富裕起来的黄杜村在村党组织的引领下，主动将本村致富的方式传递下去，分享村庄的发展经验，为西部落后地区乡村振兴的发展贡献力量。以村为单位带动西部贫困地区发展的理念成为共识，黄杜村迅速将这一理念转化为行动，2018年4月，安吉县黄杜村捐赠1500万株“安吉白叶一号”茶苗帮助贫困地区群众脱贫。在习近平总书记的大力肯定及支持下，由国务院扶贫办牵头，安吉县委县政府、中国农业科学院茶叶研究所、浙江省茶叶集团等多方力量均参与进了这场自下而上的东西部协作发展中。

根据茶苗种植对气候、温度、土壤的要求，以及扶助地区的产业发展基础，最终扶助产业和扶助对象选定了湖南省古丈县、四川省青川县和贵州省普安县、沿河县这3省4县的34个贫困村作为受捐地。黄杜村不仅向上述地区捐赠了白茶苗，更承担起从田间到市场的全链条帮扶。在种茶、制茶、销售等环节传授技术经验，为当地群众脱贫致富带去了一条完整的产业链。近年来，黄杜村累计向3省4县捐赠茶苗2200万株，种植面积超过334hm^2，共涉及近2000户贫困户、近6000名建档立卡人口。“安吉白茶帮扶”是新时代东西部协作助推乡村振兴的“鲜活”样本，为党和国家解决“三农”问题、巩固脱贫攻坚成果接续乡村振兴发展提供了基层的探索启示。

二 做法与成效

（一）协作思路注重从“单点帮”向“全产业链帮”转变

传统东西部协作发展中，“单点帮”占主力，公共基础项目投入多，经济落后地区的教育、医疗等公共服务有了较为明显的提高。但也面临着产业发展乏力、群众脱贫致富的可持续性有待提高等问题。“安吉白茶帮扶”的思路是系统性、产业链式推进的，以扶智为核心理念，注重为经济落后地区匹配与自身资源相契合的产业，并协助建立完整的产业链，为可持续发展打牢产业根基，为当地群众的自身发展提供便利的平台和资源。例如：2019 年普安县 260 余名群众直接参与“白叶一号”茶园管护，赚取务工费 115 万元，户均增收 4420 元。

为充分发挥企业主体作用、合作社统筹作用，激发茶农内生动力，在受捐地，积极推广“龙头企业+专业合作社+贫困户”模式，推动农户、村集体和其他市场主体开展股份合作，强化利益联结分配方式。古丈县、普安县立足“茶旅一体化”的发展目标，加大基础设施配套建设。在安吉县的帮助下，已完成“白叶一号”茶产业园区综合性规划，普安县 29 千米茶园观光路线全面贯通，古丈县翁草村茶园观光旅游路线实现创收超 20 万元。2019 年 3 月，由普安县、浙茶集团共同投资 2.8 亿元的“白叶一号”茶产业园动工，总建筑面积达 5.8 万平方米，将全面承接 3 省 4 县“白叶一号”初制茶叶的精制加工、销售和品牌运营。目前，1.3 万平方米的标准厂房和全自动生产线已经投用，全国首个公益茶专用品牌——“携茶”相关产品也已投放市场。

（二）协作方式注重从“粗放漫灌”向“精准滴灌”转变

“安吉白茶帮扶”对茶苗受捐地因地制宜地找症结、下方子。统筹做好白茶苗种植、培育、采摘、加工等工作。由安吉县“茶博士”、县高级农艺师、中国农业科学院茶叶研究所茶叶研究员及浙江省茶叶集团股份有限公司技术员组成的技术指导小组，累计派出 43 批 300 余人次技术人员赴受捐地，对茶树种植、茶叶采摘、鲜叶加工等进行全方位培训指导。安吉县先后组织两批次近 50 余名受捐地茶园基地负责人来安吉茶园基地、龙头企业、白茶市场等实地学习。定期对受捐地管理体系、人员配置和种植管理情况等进行资料收集和情况分析，强化捐受两地沟通协调。2019 年以来，安吉县先后向 3 省 4 县递交“白叶一号”管理意见报告两份、茶苗种植情况通报 6 份。

（三）协作机制注重从“我给你取”向“同心协力”转变

传统东西部协作发展因受助方在发展初期起步较难，故更多的是从物质方面给予帮助，在自我发展能力方面的关注度较低。协作发展的核心是双方参与，发展成效需要协作双方干部群众主动参与，发挥能动性，而不是“等、靠、要”。安吉县将产业帮扶的落脚点归结于推动当地群众提高个人能力及个人资产附加值。在协作发展的过程中，通过将东部地区先进的乡村经营理念带到西部地区，积极推动贫困地区资源变资产、资金变股金、农民变股东。贫困群众可以通过资产折股拿分红、土地流转拿租金、劳务投入拿薪金、茶叶销售拿现金等，拓宽了多元化、长远的收入渠道，调动发展的内生动力。

（四）协作领域注重从“跨界走亲”向“全域走心”转变

“安吉白茶帮扶”过程中，坚持开放合作，不断深化两地在产业、文化、旅游、干部人才等方面的全方位、全领域、深层次合作交流，牵动全域思想大解放。一是实现多层级对接，安吉县与西部地区构建起镇村结对、村企共建的对口专题合作机制；二是实现产业、党建、基层治理、旅游等领域多项交流合作，实现多领域的全面推进；三是充分调动两地干部队伍的积极性，实现两地干部互派互学，实现人才、资金、技术、经验、市场要素的共建共享，实现联动共治融合式发展。

三　经验与启示

（一）党建引领是核心

在“安吉白茶帮扶”协作发展模式带动村民致富的过程中，村党组织的组织和引领作用尤其重要。基层党组织在引领群众发挥潜能、激发创业活力、“变不可能为可能”，在乡村振兴道路上为发展注入特别力量等方面发挥着战斗堡垒的作用。因此，乡村振兴的持续推进靠的是基层党组织力量的增强，通过选优配强村党支部书记，拓展村干部创业带富能力，提升村党支部书记致富带富能力；通过村干部培训，增强基层干部的硬实力，让群众从身边的干部办事能力、办事作风中感受到党的领导的存在；通过抓牢农村党支部标准化建设工作，提升村级阵地规范化建设水平，充分发挥党支部龙头和示范带动作用，攻坚克难，最终实现山区共同富裕的伟大目标。

（二）民生导向是动能

以民生为导向是中国共产党为人民服务宗旨的集中体现，也是落后地区跨越发展并顺利走向乡村全面振兴的不竭动力。民生问题是政府和群众共同关心之所在，坚持将群众的发展诉求作为地方发展的第一导向，坚持发展全过程的人民中心立场，坚持把增加农民收入、提高农民生活质量作为东西部协作发展的出发点和落脚点。在东西部协作发展中注重群众物质生活和精神文化生活的改善，让当地群众在发展过程中以更加饱满的热情投入乡村振兴发展中，依靠群众，充分开启民智，使民力得到有效发挥，为落后地区在乡村振兴过程中实现跨越赶超发展提供了不竭动力。

（三）资源整合是关键

在东西部协作发展中，立足于西部地区的生态、产业、历史、文化等特色资源，将地域资源为发展资本，构建起落后地区实现乡村振兴的内生增长机制。在立足自身优势的基础上，通过引进新变量，创造新组合，提供新可能，培植新优势，逐步打造具有辨识度的区域“金名片”，为今后可持续发展奠定基础，逐步实现从“输血强身”到“造血强身”。同时，在引进并依靠外来资本发展当地经济的过程中，要坚持对外来工商资本进行有效引导，使外来资本与当地村民或集体形成恰当的利益分配机制，实现合作共赢、有机融合，从而有效促进城乡资源要素双向合理流动。

◈第二节　一根竹子的传奇：毛竹产业高质量发展

作为安吉县的传统优势产业，竹产业是安吉深入践行“绿水青山就是金山银山”理念最典型的案例。作为我国著名的十大竹乡之一，安吉竹子立竹量、商品竹年产量、竹业年产值、竹制品年出口额、竹业经济综合实力五个指标名列全国第一，更是以全国 1.8%的立竹量，创造了全国将近 10%的竹产值，2021 年全县竹产业总产值达 154.2 亿元。竹产业在安吉县域经济、生态建设、产业富民、文化交流等方面发挥重要作用，竹产业发展走在了全国乃至全世界前列，先后获得“中国竹地板之都”“中国竹凉席之都”“中国竹纤维名城”“国家毛竹生物产业基地”“全国乡村振兴林业示范县”等荣誉，享有“世界竹子看中国、中国竹子看安吉”的美誉。

一　案例背景

2003 年，时任浙江省委书记习近平同志来安吉视察时指出“安吉因竹而美，因竹而富，竹产业大有可为”，这是对安吉竹产业的高度肯定和殷切希望。多年来，安吉县立足资源优势，围绕一根竹子做足文章，对竹资源进行综合开发，实现了从卖原竹到进原竹、从用竹竿到用全竹、从物理利用到生化利用、从单纯加工到链式经营的四次跨越，形成了从竹根到竹叶的系列全产业链发展，达到全竹高效利用，基本形成了以竹质结构材、竹装饰材料、竹日用品、竹纤维制品、竹质化学加工材料、竹木加工机械、竹工艺品、竹笋食品等八大系列（3000余种）产品所组成的产品格局，从而实现生态、经济和社会多方面共赢。

全国推广的竹林高效培育技术体系。从20世纪50年代开始，随着土地改革的进行，安吉县对竹林所有权进行了以家庭人口为主的改革分配，以抚育毛竹原料为主的“挖”（挖山松土）、“肥”（培土施肥）、“改”（改变大小年）、“保”（保护春笋）、“钩”（合理勾梢）、“时”（及时抚育）、“砍”（合理砍伐）、“管”（加强管理）的《毛竹丰产八字经验》在全县范围内推广开来，毛竹林面积、立竹量、年采伐量均大幅增长。安吉孝丰双一、马吉两个高级社被原林业部授予“全国林业模范社”称号。中国农业展览馆1959年、1974年两次展出双一村大毛竹、竹制品以及毛竹丰产经验，并于1978年全国科学技术大会上，获国务院“嘉奖令”。以安吉灵峰寺林场为蹲点实验林撰写的《竹林经营》一书成为现代我国竹类经营的第一部专著，对当今竹林培育仍具有重要指导意义。经过几十年发展，安吉立竹量、毛竹蓄积量和商品竹等均列全国第一，为二产兴起奠定良好的资源基础。据统计，全县毛竹面积从1957年的3.58万公顷增长到了2018年的5.84万公顷，蓄积量已达到1.8亿株。

国际领先的竹加工产业体系。随着改革开放政策的确立，以家庭承包为主的生产责任制和外资的引入使得安吉竹产业得到迅猛发展。1985年毛竹统、派购任务取消，竹材加工不再受到原料的限制，第一家外资竹加工企业驻足安吉县，在对外资企业先进技术以及经营理念进行消化、吸收和创新的基础上，各类“三资”企业、跨域合作和本土企业如雨后春笋般发展起来。随着2000年国有集体企业改制完成，安吉竹加工产业井喷式发展，形成了现代完备的竹加工工业化体系，进一步带动竹产业加工机械行业的诞生及快速发展，形成全国著名的竹加工机械生产基地。加工机械行业带动一产笋、竹产业发展，确立产业融合发展格局，一产产值从20世纪80年代初的不足1亿元增加到2010年的8亿元。在这一过程中，日本清汁笋加工技术及台湾机制凉席技术和设备的引进，扩展了笋竹加工利用范围，随后竹窗帘、竹地毯、竹餐垫的全面开发更是进一步丰富了竹编织门类，与竹地板一起成为安吉出口竹产品“四大件”。竹加工从手工业向机器制造。竹资源从单一竹材利用向全竹利用的快速转型，目前已经形成由原竹加工到产成品的一条完整的竹材加工产业链，产业循环利用率高达100%，形成了以孝丰镇、经济开发区（递铺镇）、天荒坪镇三大区域所组成的空间格局，成为全国竹加工制造业的产业集群。全县现有竹产品配套企业1600余家，其中省级及以上林业重点龙头企业25家，产值亿元以上企业11家，产值5000万元以上企业29家，规模以上企业70家，竹地板产量已占世界产量的60%以上，竹工机械制造业占据了80%的国内市场并出口印度、越南及南非等十多个国家，竹产品销售遍布全国（含港澳台）、东南亚、欧美等30多个国家和地区。在世界互联网大会、金砖五国会议、G20杭州峰会等一系列国际盛会上，以绿色家居和东方文化为主题的“安吉智造”，通过椅、竹等代表产品赢得广泛关注。目前，安吉竹业竹产品注册商标200余个，各类专利技术1000多个，浙江名牌产品5个，浙江出口名牌产品2个，浙江省著名商标4件，集体商标6件，获湖州市政府质量奖1家，安吉县政府质量奖1家。全县竹业行业共参与制订重竹地板、竹凉席、竹工机械、竹炭等国家标准6项、行业标准10项、省级地方标准2项、团体标准1项、“浙江制造”标准3项。

集约高效的产业园区复合经营模式。20世纪末以来，安吉县通过加大竹林科技产业园区建设，实施“一竹三笋”高效林和林区作业道路重点建设项目，通过优化林业辅助设施建设等各项技术措施，实施毛竹林分类经营和定向培育，完成毛竹价格指数保险，实现全县百万亩的政策性林木保险全覆盖。建成山川毛竹园区、昆铜毛竹示范区等林竹产业现代示范园 26 个，竹林园区总面积达到 1.33 万公顷，建成和提升林道 2050 公里，同时在园区内大力推进林下套种杨桐、中药材、菌菇等“一亩山万元钱”的复合经营模式，集科研、林相改造、农旅融合于一体，林下种植基地面积达 800 公顷。截至目前，安吉累计发展林下经济 29.1 万亩，建成现代林业园区 40 个，经过园区建设，全区内毛竹平均眉围增加 3.33 厘米，每亩的蓄竹量增长 30 株、收入增长 500 元。

生态优先的产业融合发展模式。2001 年确立“生态立县”的发展战略以来，依托百万亩竹林景观资源大力发展休闲产业，利用长三角地理区位优势，围绕竹文化的挖掘、整理和保护，发挥竹文化的“裂变效应”，做深竹子立体经营文章，把“活竹变成活钱”，促进竹产业从生产加工向生态资源综合利用发展。通过“大竹竿”“花毛竹”文化、上舍村“化龙灯”“捏釉文化”“撑筏文化”“育竹文化”等发展竹景观与饮食文化、民俗文化等地方特色文化相结合的文化产业；建成竹叶龙博物馆、山民文化馆等各类竹文化展示场馆，建成世界上散生、混生竹种最齐全的“竹类大观园”——安吉竹博园；以安吉天荒坪镇、山川乡等竹海景观、鹤鹿溪村的竹林溪流景观为依托，打造以浩瀚的毛竹林相景观为主体，可观竹王、看竹海、赏竹艺、玩竹戏、食竹宴，住竹居的竹文化生态休闲旅游区，全力打响“中国大竹海”“中国竹乡”特色品牌；推出“竹乡农家乐”特色旅游项目，民宿（农家乐）已发展到 1300 余家，2.7 万多张床位，精品民宿超过100家，直接或间接从事生态旅游商品生产和经营的农民超过3万人。目前，已搭建起农家乐（民宿）、乡村精品度假酒店和乡域、村域4A级景区特色系列乡村度假旅游产品体系，创成国家森林养生基地4家。安吉山川云尚乡村旅游产业集聚区成功入选2020年度省级乡村旅游产业集聚区。2020年，“浙江安吉竹文化系统”荣获“中国重要农业文化遗产”称号。2021年，安吉县乡村旅游产业案例“浙江安吉：做美绿水青山做大金山银山”成功入选农业农村部发布的乡村产业高质量发展“十大典型”。

安吉竹产业历经多年实践探索，产业规模不断扩大，产业结构日趋合理，利用领域逐步拓宽，竹加工利用已经向工业化利用、精深加工、全竹利用和高附加值方向发展。一个从资源培育、加工利用到出口贸易、休闲旅游的新兴竹产业体系正在形成并逐步壮大，在竹林培育、竹产品加工以及竹旅游资源的开发等领域，都走在全国乃至世界的前列。

二　做法与成效

安吉县以绿色发展为引领、产业发展为支撑、美丽乡村为依托、创新发展为动力，以促进农民持续增收和竹产业转型升级为目标，进一步优化布局、创新机制，建设全链条竹产业体系，充分发挥竹产业在增汇减排、助力乡村振兴和共同富裕中的多种功能和价值，打通“绿水青山就是金山银山”转化通道，探索三产联动、城乡融合、农民富裕、生态和谐的竹产业高质量发展道路，再造竹产业发展新优势。

1. 多维度探索高质量发展政策体制机制

优化林地资源配置，深化林业经营体制机制改革，推进竹林资源经营向规模化、组织化集聚，实现多模式、集约化、高效益的竹林可持续发展目标。

构建以改革创新为先导的林业产权制度体系。从20世纪80年代初，安吉县开展了以“稳定山权林权、划定自留山、确定林业生产责任制”为内容的林业“三定”工作，在下汤、章村两个乡试点成功的基础上，分期分批在全县推广，于1985年基本完成，共计59.6万亩集体竹林承包到户经营，全县91.1%的竹林“包干到户”。2006年，在中央林改政策的指引下，所有的山林都颁发了“林权证”，林农拥有了法定的产权证。从2007年起，安吉首创竹林股份合作经营模式，组建合作社，农民以毛竹林权作价出资，合作社统一经营管理，按股权分红，利益共享，风险共担，实现由分散低效向集约规模高效经营转变。横溪坞村通过以毛竹资源入股、统一经营，按股分红的毛竹股份制合作模式，带动更多林农参与规模经营。目前全村入社农户占全村农户的98%，比农户自己经营高出20%。2016年，安吉县对集体经济组织林地所有权、林农承包权、林地经营权进行三权分置，并发放首批“林地经营权流转证”，对流转的林地经营权进行确权。鼓励社会资本、工商资本、龙头企业参与竹林经营，引导培育竹业股份制合作社、合作林场、家庭林场、工商企业等新型经营主体。培育引导家庭联合经营、委托经营、合作经营、股份经营、“公司+合作社+基地+农户”等多种形式的林权合作经营模式，促进集中连片种植，发展适度规模经营，提高竹农的组织化程度。

构建以股份合作为主导的林地流转经营格局。鼓励竹农以林地、资金、劳动、技术、产品为纽带，开展多种形式的合作与联合，加快竹林经营权流转。2017年，出台《关于完善安吉县毛竹林经营权流转的意见》等指导政策，加大对毛竹林流转的政策保障和扶持力度。

孝源街道、梅溪镇等地率先开展毛竹林整村流转的探索实践，盘活竹林生态资源，拓宽深层次开发渠道。2019 年，全县竹林规模流转面积已经超过 2 万公顷。今年以来，借助碳汇改革激活百万亩竹林。全县以竹林碳汇开发权属清晰稳定为前提，毛竹林 1000 亩以上的行政村通过农户林权作价出资方式，组建 119 个股份制专业合作社，实现经营权由分散到集中，通过专业合作社，将集体林权流转到“两山银行”，实施竹林增汇工程。

构建以绿色金融为支撑的产业政策体系。一方面，把竹产业“浙江制造”列入绿色金融支持重点，支持龙头企业走向资本市场；设立湖州市首个“科技型小微企业风险基金”，推出“竹仓贷”“商标专用权质抵贷”“专利质抵贷”“排污权质抵贷”等金融创新产品，支持竹加工小微企业的转型。另一方面，依托绿色金融改革与服务创新示范，通过竹林碳汇质押贷款的创新实践，促进竹林生态价值货币化以及竹林碳汇产业的形成。竹林抚育经营者作为竹林碳汇收储交易的获益方，把提质增汇与增收相结合，通过可持续经营保持竹林碳汇能力，实现对竹林生态系统的回馈反哺。目前，金融机构共推出包括针对村集体和农户的碳汇共富贷、针对企业购汇后享受利率下浮的碳汇惠企贷以及针对平台的碳汇收储贷等碳汇金融产品。同时，引入“竹林碳汇价格指数保险”和“毛竹碳汇富余价值恢复补偿保险”，为村集体（农户）碳汇交易的收益保底护航。

2. 全方位推广集约高效经营新模式

构建以提质增效为核心的产业转型模式。一是优化产业结构关停低小散弱。竹产业发展初期，随着产业规模的不断壮大，竹产业生产投入大、周期长、见效慢的特点逐渐显现，传统竹产业加工企业的规模和水平距离林产工业还有较大的差距，以原竹低端粗放利用为主的竹制品加工业呈现低、小、散的状态，成为制约产业发展的瓶颈。2010年前后，通过开展“三改一拆”“五水共治”等一系列环境整治工作，出台制定行动实施政策，对存在安全隐患、造成环境污染、产品不达标的加工企业，按关停并转、限期整改、扶持发展三类进行分类处理，并对整改提升企业进行相应的扶持补贴。特别是高排放、附加值低的竹拉丝厂等一些低、小、散作坊式企业被大量关停整改。二是科技攻关助推产业升级，推进科技创新要素集聚，实现资源共享，激发产业发展活力。实施政策鼓励支持企业和科研院所开展合作，大力推进技术攻关，重点围绕轻便高效竹材采运设备研发、竹材初加工设备提升、竹加工废弃物高质化利用、新型竹质炭素及纤维材料研发、竹质（竹笋）快消品自动化生产设备研发、竹笋探测设备研发、原竹及竹质板材重塑提升等领域提升安吉县竹产业科技创新水平，实现科技赋能传统行业，推进竹产业高质量发展。三是政策扶持助力产业转型升级。2014年，出台《关于进一步加快推进竹产业转型升级的若干意见》，确定竹产业转型升级“十大行动”。县财政每年整合安排不少于1000万元支持竹产业发展专项资金，引导竹加工产业向培大育强、科技创新、区域品牌、市场营销、要素服务、整治提升、文化创意等方面发展。

构建以资源聚集为主体的产业发展模式。构建资源共享、优势互补、协调发展的产业发展模式，夯实“筑巢引凤”转型升级基础，促进竹产业高质量、可持续发展。2019年，浙江省委全面深化改革委员会印发《新时代浙江（安吉）县域践行“两山”理念综合改革创新试验区总体方案》，支持国家安吉竹产业高新示范产业园等重大项目推进。2020年7月，国家安吉竹产业示范园正式开园建设，成为全省唯一国家林业产业示范园区。示范园区计划通过建设集竹产品研发、高新技术产业、文化旅游于一体的竹材高效加工制造园区、竹产业高新技术产业园区、会展研发功能区以及产城融合示范区等，打造安吉优质竹产业链发展的“孵化器”以及竹产业集聚升级的“加速器”，实现资源要素高效配置。目前示范园区通过完善基础设施配套，全面提升管理服务水平，稳步推进产业链招商，外出招商已300余次，洽谈企业和机构200余家，紧密对接千年舟、双枪科技、何其昌、九川竹木等竹产业领军企业，首批重点招引行业领军项目已形成以商引商的规模效应，形成良性循环的软硬投资环境。

构建以提升市场竞争力为核心的现代产业经营模式。一方面，积极开展竹林经营认证实践，推动竹产业可持续、高质量发展。通过探索“协会+村经济合作社/股份制合作社+农户”联合认证模式探索竹林经营认证及竹木质品产销监管链认证，实现从竹林经营培育到竹制品生产、销售的全链条控制。在营林管理、环境监测、劳动保护等方面建立了规范的竹产业可持续经营管理体系，目前安吉全县百万亩竹林通过国际森林认证（FSC），为竹木产品出口获得了进入国际市场的“绿色通行证”，提高了竹农参与营林管理的积极性，提升了竹林可持续经营水平和竹产业品牌竞争力。另一方面，通过政策引导，产业融合，质量提升，实现竹产业的品牌化、集聚化发展。培育提升“安吉冬笋”品牌价值，促进产品追溯体系建设进一步深化。通过中国义乌国际森林产品博览会、中国（上海）国际竹产业博览会布展参展工作，深化安吉冬笋国家地理标志保护产品的影响力，鼓励经营主体培育自主品牌，组织品牌农企参加各类农产品展示展销活动。

3. 多元化开辟竹产业富民增收新路径

构建以竹产业振兴为核心的三产融合发展新业态。按照“依托竹资源，做强竹产业”的发展思路，推进产业深度融合，大力发展林下经济，促进产业循环相生。推进毛竹林下套种杨桐、中药材、菌菇等“立体经营”模式；结合研学旅行、农事体验等分享经济、体验经济，依势发展以竹博园、大竹海等休闲产业为主的竹林特色小镇、竹林康养、竹工业旅游、竹文化旅游、竹文化创意、竹产品体验等新业态。产业链的延伸拓宽了竹林经营者的增收渠道，在促进农村电子商务、餐饮民宿、休闲旅游、健康养生、养老服务等业态发展的同时，带动竹林经济发展，实现生态优势价值最大化。2021 年，在云南昆明举行的联合国《生物多样性公约》第十五次缔约方大会上，安吉竹生态与竹经济典型案例入选国家展主展区素材。

构建以产业链接为纽带的创新服务体系。探索推进生产、供销、信用等“三位一体”改革，完善现代农村组织化经营服务体系。组建“安吉‘两山’农林合作社联合社”，2015 年成立初期就已吸收 317 家农林合作社为会员，为社员提供简便、快捷、灵活的短期融资，通过资金互动、融资担保、农业产业化服务等业务支持农林合作社发展。此外，联合社成立公司并注册“两山”商标，针对冬笋等特色林副产品，通过产前金融、产中技术帮扶和产后产品销售，提供全产业链服务，搭建农林副产品展示销售平台。同时，与外省以多种形式合作发展竹产业，直接建立原料基地 500 万亩，带动全国 3000 万亩竹林资源开发，实现从山头到市场无缝对接的链式服务，有效解决竹林规模经营的融资、销售等难题。2020 年 10 月，安吉县绿色竹产业创新服务综合体入选省级产业创新服务综合体创建名单，全力聚焦竹产业高质量发展的重点环节开展服务，以竹产业转型升级重大需求为导向，以提高产业公共服务能力为目标，为竹产业振兴提供科技支撑。

构建以发展竹林碳汇产业为目标的生态产品价值实现新渠道。一方面，积极争取政策支持竹林碳汇产业发展。2014 年，安吉县开展竹林碳汇机制创新和技术研发试验区建设，并将示范区建设费用纳入年度财政预算。2016年，省委、省政府出台《关于加强对安吉“两山”理论实践示范县创建政策支持和工作指导的意见》。同年，成功争取到国家环保部、国家旅游局、林业局、省发改委、省农业厅、省科技厅等十多个省级厅局政策支持安吉县“两山”创建，国家环保部批复同意将安吉列为全国唯一“两山”理论实践试点县。今年1月，浙江省双碳办批准安吉县为林业增汇试点县，探索实施森林碳汇应用场景、CCER认证和交易一站式服务体系建设，大规模开展竹林增汇提质示范工程，不断做大森林经营碳汇交易项目，为有效拓宽林农的增收路径，实现竹林生态产品价值转化奠定基础。3月25日，安吉县林业局（安吉县森林碳汇管理局）正式挂牌成立，成为全国首个负责森林碳汇管理的县级行政机构，是加强森林碳汇管理、碳排放权交易管理，加大“两山”转化力度，加快竹产业发展二次振兴的重大举措。另一方面，积极探索体制机制创新构建碳汇收储交易平台。以两山竹林碳汇收储交易中心为平台，开发了碳汇空间、碳汇收储、增汇工程、交易分配等四大场景，构建了全国首个林地流转—碳汇收储—基地经营—平台交易—收益反哺的全链闭环管理体系，形成集碳汇生产、收储、交易的闭环市场，通过绿色金融改革打开竹林致富密码。2021年，安吉全国首个县级竹林碳汇收储交易平台——安吉两山竹林碳汇收储交易中心正式成立并发放了首批碳汇收储交易金和碳汇生产性贷款。

三　经验与启示

如何落实新发展理念、改革体制机制、突破发展瓶颈、转换发展动能，已成为竹产业高质量发展当下不可回避的现实问题。安吉县通过竹产业转型升级和绿色金融改革创新、竹林碳汇收储交易模式创新等一系列实践探索，再造竹产业发展新动能、竞争新优势、发展新局面，争创绿色低碳共富样板地、模范生。

（一）科学布局，构建产业高效经营加工体系

一方面推动分类经营，去产能、调结构。按照因地制宜和生态、产业协调发展的原则，对进行封山育林的竹林，按照生态公益林补助标准予以补助；对500米以上的高山远山、立地条件较差以及到户的责任山、自留山林地流转难的竹林，按照立地类型和流转面积出台专门的扶持政策，吸引社会力量增加投入，提高林分质量，兼顾其生态效能和经济效益；对于部分立地、投入条件较好的竹林推广高效经营模式，推动竹林认证经营机制构建，科学推进竹林立体经营和生态化经营，大力发展林下经济，扩大竹林资源有效供给。另一方面逐步构建竹产业三级加工体系。根据竹产业加工工艺流程和产业分工，布局建立竹材粗加工分解点、初级加工小微园区、成品精深加工企业三级产业加工体系。在竹林集中分布区统筹布局竹材粗加工分解点，对毛竹原材进行收集堆放、切段、剖分、拉丝或竹笋剥壳等粗分解流程，确保废水、废气等零输出；对应建设笋竹初级加工小微企业园区，集中开展竹材初加工的蒸煮、烘干、碳化和染色、浸泡杀菌等工艺，加强小微园区废水废气集中处理监管；推动建立初级加工产品与精深加工企业的“订单”机制，促进竹材初级加工产品的资源流动互补，加快推进竹生物质精炼产业体系发展。

（二）品牌引领，健全市场化运营机制

以现代科技园区、示范区等为抓手，通过市场倒逼、生态倒逼等政策引导，淘汰一批落后产能和企业，选优扶强龙头企业。通过并购重组、分工协作等方式建立若干关联度高、协同互补性强、发展潜力

大的企业集团，培育一批具有设计研发、核心制造能力的竹产业骨干企业；以县域品牌和知名品牌为基础，整合行业及地域品牌资源，加快培育一批“专精特新”中小企业，开发推广绿色有机食品、生物活性产品、竹工艺文创产品等，促进产业向下游市场拓展，使其成为大企业、大品牌、高端产品配套的依托力量。通过上下游产业链串联打造产业集群，通过集群品牌和企业品牌的联动，大幅度提高市场占有率，实现产品多元化发展。

（三）创新驱动，强化竹产业科技支撑

加大科技攻关，建立政产学研用协同创新机制，组建国家竹产业研究院、重点实验室、创新服务综合体、科技创新联盟等，大力研发新技术、新产品、新材料、新工艺。支持科研院校与乡土专家合作，研究开发采伐、运输等装备技术和作业方式方法，积极开展技术培训、发放农机购置补贴，帮助竹农提升竹业开发利用工业化水平。支持企业建立科研机构、培养引进高端人才，集中对一批关键技术开展联合攻关，争取在关键环节、关键领域、关键设备方面取得突破性进展。鼓励企业与科研院校共建技术研发和转化平台，鼓励科研人员到专业合作社、企业任职兼职，完善知识产权入股、参与分红等激励机制，探索科技研发、成果共享等利益共享机制，提高科研成果转化率，推动科技成果市场化进程。加快生物质精炼技术的推广应用，实现竹材“三素”（纤维素、半纤维素、木质素）高值化、规模化利用。推动竹笋、竹人造板、竹工艺品等传统产业智能化绿色化改造，支持竹缠绕、竹饮料（竹酒）、竹纤维、竹基纤维复合材料、生物活性产品、竹药品等新兴产业发展，强化废弃物综合利用，打造全竹利用、循环利用体系。推进竹产业数字化科技支撑，谋划建设林权流转、竹产业、森林康养等重大应用场景，联通竹产业生产、分配、流通、消费等环节，构建生态感知、智能研判、科学决策的数字化平台，实现“政府—企业—产业—基地”的多层次协同，不断推动竹林经营模式和管理制度迭代升级。

（四）多措并举，加大竹产业支持力度

多部门协同争取部分竹产业初级加工小微园区建设用地专用指标进行集中供地，优先保障笋竹初级加工小微园区排污指标使用权；研究制订竹林流转奖补政策，鼓励竹林经营权流转，加快推进竹林经营向规模集约高效发展；加强财税和金融支持保障，重点加大财政对林区道路等基础设施建设的扶持力度。完善“竹仓贷”等金融创新产品，积极争取乡村振兴基金扶持竹产业发展，对利用本地竹林资源开展精深加工的企业给予地方税收政策优惠，支持竹加工中小企业转型提升，积极运用基金合作模式筹集社会资本对竹产业项目改造升级。扩大竹林的政策性保险覆盖面，创新探索新型竹林种植、经营金融保险，积极推动规模化经营竹林开展竹材价格指数保险，确保竹材的供给稳定。

（五）协同攻关，创新生态产品价值转化制度

结合数字化改革，深入落实国家“双碳”战略，继续推进安吉竹产业转型升级和绿色金融改革创新。联合安吉县金融发展服务中心、银保监安吉监管组等金融服务和银保监系统，县自然资源规划局、城投集团、县内多家银行业金融机构，推动碳金融产品服务模式的创新，提升对绿色低碳经济活动的金融要素保障能力。在“两山银行”搭建的数字化登记交易系统的基础上，逐步将发改委的能评、经信部门的亩均效益评价、生态环境领域的环境影响评价、资规的森林资源数字化经营接入其中，形成一个多跨场景的综合性数字化平台，根据需要开展县级林业碳汇计量监测与数字化应用场景建设试点，建立可

持续经营管理和多元化投融资机制，加大竹林资源管控收储、整合提升和项目开发的金融支持力度，建立可复制、可推广的竹林碳汇生产、收储、交易模式平台，推动竹林碳汇持续增长。

（六）集成管理，持续提升竹林碳汇能力

围绕竹产业绿色低碳循环发展，从造林绿化、质量提升、竹木制品固碳、机制创新四个方面提升竹林碳汇能力，加快竹木产业转型升级，推进竹木产品替代，做大竹木林产品碳库。创新竹产业碳足迹引导发展模式，通过贯穿竹林培育、竹材仓储、竹制品加工及应用等多个环节，遍布营林企业及竹产品制造企业多级竹产品供应链，探索建立成熟竹材及时采伐、全量收获、余量仓储、高效利用的管理机制。确保营林环节竹材在成熟期及时采伐、及时保存、及时使用，以获得更多的生物量，供产业下游使用；加工环节通过技术创新和政策调控，扩大竹产品产量，延长产品寿命，保证碳在产品中的保存时间和封存体量。以此通过培育和加工环节的协同作用，改变竹产业传统经营模式，建立竹材碳足迹有效调控机制，保证二氧化碳在竹产业链中的最大化运转、竹林生态系统功能稳定性以及经济价值的最大化集成。

第三节　一池碧水的蝶变：抽水蓄能闯出新天地

天荒坪抽水蓄能电站位于安吉县天荒坪镇大溪村，作为我国第一批建成的大型抽水蓄能电站，是当时世界上落差水位最高的电站，也是我国已建和在建的同类电站单个厂房装机容量最大、水头最高的电站。运行二十多年来，天荒坪抽水蓄能电站以其灵活的调峰、填谷、调频、调相和紧急事故备用的运行优势，累计转换绿色电能近千亿千瓦时，折合节约标准煤1000余万吨，减少二氧化碳排放2000余万吨，创造利税合计超百亿，紧急服务电网数百次，综合运行效率接近80%，培养和输出行业人才1000余人次，获得30多项国家级、省部级荣誉。2021年6月25日，天荒坪抽水蓄能电站二期工程（长龙山抽水蓄能电站）首台机组正式投产发电，成为目前我国机组额定水头最高的抽水蓄能电站。项目机组的设计开发突破超高水头段水泵水轮机的水力研发技术，达到世界最先进水平，预计全部投产后，每年可为华东电网节约标煤21万吨，每年减少排放二氧化碳约42万吨、二氧化硫约2800吨。

天荒坪抽水蓄能电站与长龙山抽水蓄能电站两个项目落户安吉，安吉境内抽水蓄能电站总装机规模将达390万千瓦，居世界第一，这是安吉县践行“两山”理念、探索生态优先绿色发展之路、助力国家实现“碳达峰、碳中和”发展目标的积极探索，对构建以新能源为主体的新型电力系统和清洁低碳安全高效的能源体系将发挥重要作用。

一　案例背景

安吉县水资源丰富，平均水资源总量为14.58亿立方米，人均占有水资源量3258立方米，高于全省人均占有量的35%。新中国成立后，在党和政府的领导下，安吉县一直重视兴修水利，加强农田基础设施建设，建设赋石水库、老石坎水库等大中型水库，实施西苕溪梅溪镇河段和递铺溪递铺镇河段清障工程等。20世纪90年代，安吉县抓住机遇，以实施“全国农村水电初级电气化县”“全省自力更生治水县”“全国水土保持监督执法试点县”为契机，实现水利建设和水利经济较快发展，水利基础产业地位得到进一步巩固和提高，天荒坪抽水蓄能电站正是在这一时期动工兴建。

作为华东电网重要的配电工程，天荒坪抽水蓄能电站一期工程（已经建成的天荒坪抽水蓄能电站）从 1998 年 1 月第一台机组投产，到 2000 年 12 月底全部竣工投产，工程总投资 73. 77 亿元，安装有 6 台 30 万千瓦可逆式抽水蓄能机组，总装机容量 180 万千瓦。上下水库落差 607 米，上水库湖面面积达 28 公顷，是一个昼夜水位高低变幅达 29 米多的动态湖泊，形似“天池”，素有“江南天池”的美誉；下水库位于海拔 350 米的半山腰，由大坝拦截太湖支流西苕溪而成，有“两岸青山出平湖”之美称，号称“龙潭湖”。

天荒坪抽水蓄能电站地处长三角几何中心，得益于区位优势，电能可以便捷地输送到上海、南京、杭州等大城市，加之电站地处华东电网负荷中心和 500 千伏主网架附近，并网条件优越，可有效发挥抽水蓄能电站的削峰填谷作用。每年创造上亿元的发电效益，为保障华东电网的安全运行和提高电能质量发挥了无可替代的作用，多次圆满完成 G20 峰会等国家重要保电、抗台、抗旱任务，为电网的安全稳定运行做出卓越贡献。

在建天荒坪抽水蓄能电站二期工程（长龙山抽水蓄能电站）共装有 6 台单机容量 350 兆瓦可逆式水泵水轮发电机组，总装机容量 210 万千瓦，额定水头为 710 米，属于“高水头、高转速、大容量”日调节纯抽水蓄能电站。预计 2022 年 7 月底将实现全部机组投产发电，届时平均发电量可达 24. 35 亿千瓦时，成为华东地区最大的抽水蓄能电站，承担华东电网调峰、填谷、调频、调相及紧急事故备用等任务，并为“西电东送”提供配套，它的建成将进一步优化华东地区电源结构、改善华东电网运行条件。

二　做法与成效

作为我国首批大型抽水蓄能电站之一，无论是前期设计，还是施工建设，天荒坪抽水蓄能电站始终依托生态资源，坚持工程与环境的和谐统一，将生态优先、绿色发展理念贯穿抽水蓄能电站建设发展全过程，同时秉持“建设一座电站、带动一方经济、造福一方百姓”的发展理念，开辟出一条绿色发展之路。

（一）高起点谋划抽水蓄能，科学布局助力绿色发展

经过中国电建华东院等单位勘测设计人员近十年的现场勘查、分析论证和综合比较，安吉天荒坪因其地处华东电网负荷中心，区块地质条件好，水量充沛，上下水库落差大、水平距离近、上下库距高比最佳等一系列有利条件，从五十个抽水蓄能站址中脱颖而出，成为当时最为理想的建设站点。1986 年，天荒坪抽水蓄能电站可行性报告获得批复，天荒坪抽水蓄能电站项目正式立项；1988 年，国家能源投资公司、浙江省、江苏省、安徽省和上海市共同签订《关于集资建设天荒坪抽水蓄能电站协议书》，共同出资兴建电站，开创了中国集资办电的先河；1992 年 3 月，改革开放全面展开时期，在克服了种种资金和技术难题后，天荒坪抽水蓄能工程建设公司在安吉挂牌办公，抽水蓄能电站正式启动建设准备工作；1994 年 3 月，主厂房工程开工建设；1998 年 9 月，单机容量 30 万千瓦的天荒坪电站 1 号机组启动；2000 年 12 月，总装机容量达 180 万千瓦的电站全部竣工投产。

前期设计阶段，电站即开展环境规划设计，从理念和技术层面协调工程建设与环境之间的关系，例如：公路及建筑物开挖边坡的绿化和土石坝后坝坡的绿化，功能性建筑物造型与环境的协调等。天荒坪抽水蓄能电站建成后，除了上水库和下水库，枢纽输水发电系统都隐

藏在山体内，并对山体进行了整体性生态修复和景观提升。

施工建设阶段，大坝尽可能采用当地材料，取材于上下水库内，根据库内开挖料选择坝型，弃渣场利用库内死库容或坝后，尽可能减少占地。天荒坪抽水蓄能电站上水库利用库盆全风化开挖料填筑于沥青面板堆石坝后部，形成土石混合坝，减少料场石料，也减少弃渣，利用全强风化开挖料回填库底，尽可能减少对资源的占用，降低工程对环境的影响。

天荒坪抽水蓄能电站的设计与建设，始终坚持绿色发展的理念，积极汲取国内外的先进技术、先进经验，设计高起点、严要求，管理上勇于创新、敢于实践。它是我国首个创新采用全库盆沥青混凝土防渗、高水头混凝土岔管的工程，其多项技术填补了国内空白，工程设计建设达到世界先进水平，荣获全国优秀工程勘察、优秀工程设计双金奖。

（二）美丽经济跨越式发展，助推“两山”多维转化

天荒坪抽水蓄能电站工程在保障电力系统安全稳定运行的同时，结合其所在区域山水优美、空气清新的水库环境和大坝工程，打造旅游观光、健康休闲、科普教育和工业文化展示一体化结合的文旅健康产业基地。抽水蓄能电站与文旅健康产业一体化发展，有效拓宽了“两山”转化通道。

天荒坪抽水蓄能电站在建设初期就提前筹划，发掘电站的溢出效益，努力做到山林水坝、天然合一，让绿水青山充分发挥经济效益、社会效益、生态效益。从 1999 年开始，电站组建了安吉华天综合经营公司，负责电站旅游开发。第一台机组发电后，上水库即作为旅游景点进行规划开发建设，它不仅是个清洁的“蓄电池”，还兼具改善局部生态环境的功能，被誉为“江南天池”。2001 年 4 月，电站地下

厂房景区正式向游客开放。2004 年，电站地下厂房被命名为“省级爱国主义教育基地”，同年 7 月 12 日，安吉天荒坪电站被国家旅游局授予首批全国工业旅游示范点。安吉更是以水库为极核，先后开发了温泉、滑雪和天文观景台等景点，天荒坪周围形成了大竹海、天下银坑、藏龙百瀑、荷花山、九龙峡、江南天池等多个景区，囊括多种旅游业态。至上水库的 18 千米公路得到了全面修整，一年四季景色各异，形成了“十里山路十里景”的亮丽风景，高差 600—700 米的盘山公路被自行车赛车爱好者誉为“中国的秋名山”。2009 年 7 月 22 日，中央电视台在电站上水库天池上直播了日全食全过程，更是打响了“江南天池”的品牌知名度。

天荒坪抽水蓄能电站的综合开发，对安吉县基础设施建设、群众就业创业、地方财力财源、生态环境保护、经济社会发展等多方面都起到了重大的拉动作用。天荒坪彻底摆脱了靠开矿、造纸等以破坏环境为代价的经济发展模式，变成现代桃花源。大溪村全村 549 户，有 202 家发展农家乐和民宿，被称为“浙北农家乐第一村”，真正将绿水青山变成了金山银山，走上了“人与自然和谐、经济与社会和谐”的绿色发展道路，成为“绿水青山就是金山银山”多维转化的亮丽名片，为生态文明建设提供鲜活样板。

（三）抽水蓄能按下快进键，高质量发展为“双碳”赋能

随着长三角经济社会快速发展和华东电网扩容，天荒坪抽水蓄能电站二期工程（现为长龙山抽水蓄能电站）也已开工建设。2000 年以来，安吉县委、县政府积极启动二期工程建设可研性工作。2006 年 1 月，三峡集团与浙江省政府达成战略协议，同意三峡集团在浙江省境内投资抽水蓄能电站。同年 6 月，县政府与三峡集团、华东勘测设计研究院签订了项目投资转化协议。

党的十八大以后，随着电力改革的不断深入，二期工程建设项目得到了快速推进。2013 年 4 月，根据国能新能〔2013〕167 号批复的浙江省抽水蓄能电站选点规划，“天荒坪二抽水蓄能电站”正式更名为“浙江长龙山抽水蓄能电站”，该批复同意将长龙山作为浙江省 2020 年新建抽水蓄能电站推荐站点。2014 年下半年，国家出台了一系列扶持抽水蓄能电站的新政策，随着抽水蓄能电站核准权的下放，加快了二期工程建设项目的进程。12 月 1 日，省发改委印发了《关于同意长龙山抽水蓄能电站项目开展前期工作的函》，2015 年 11 月，长龙山抽水蓄能电站（天荒坪抽水蓄能电站二期工程）开工建设。安吉举全县之力支持项目推进，建立了由县领导挂帅的协调工作领导小组，从发改、审计、民政、国土等部门抽调人员集中办公，并在县镇两级层面专设协调办公室，与项目业主方和施工方实现无缝对接。在施工过程中，项目部先后克服了地质缺陷、疫情制约工期等不利条件，创造了单循环最大日进尺 3.89 米，月进尺 108 米，同行业之最的施工生产纪录。2021 年 6 月 25 日，长龙山抽水蓄能电站首台机组成功发电。2022 年 3 月 1 日，4 号机组顺利完成 15 天考核试运行，正式投产发电，预计今年 7 月底电站全部机组实现投产发电，届时每年电站可提供清洁能源 24.35 亿千瓦时，为“西电东送”提供配套，还可以减少燃煤消耗量约 21 万吨、二氧化碳排放量约 42 万吨、二氧化硫排放量 0.28 万吨，有效减轻火电压力、减少空气污染，提高受电区的环境质量，进一步提高电网弹性和用电稳定性，为浙江能源低碳转型、优化电源结构奠定基础。

三　经验与启示

新形势下发展抽水蓄能产业，是对生态文明的觉醒、自觉和担当。天荒坪抽水蓄能电站坚持走“绿色发展、造福人民”的路子，已经成为安吉践行“绿水青山就是金山银山”理念的又一标志性品牌，是安吉县助力国家“碳达峰、碳中和”发展目标实现的积极探索，为安吉高质量赶超发展增添新的动力，为助推长三角一体化发展提供更加稳定的能源储备，为实现能源高效利用发挥了积极作用。

（一）坚持生态优先，凝聚绿色发展新动能

一方面，抽水蓄能选点规划工作，坚持电站开发与新型电力系统合理布局需求相结合，充分考虑在长三角区域一体化发展的格局下统筹开发，进一步突出电站开发在助力浙江山区26县高质量跨越式发展、实现共同富裕中的带动作用，坚持电站开发与生态环境保护相结合，促进生态环境价值有效转换；另一方面，在做好站点资源保护、重点项目实施规划、开展项目前期工作、项目开工建设以及运行管理等过程中，严格落实生态环境保护法律法规和相关要求，保证抽水蓄能与生态环境的和谐共生，坚持工程建设与生态环境协调发展。长龙山抽水蓄能电站的整个建设过程始终秉持在保护中发展，在发展中保护的原则，上下水库选址因地制宜，尽量利用荒地、滩地、坡地以及毗邻的天荒坪电站原施工场地，减少不必要的开垦。上水库利用天然库盆地形，下水库则借用天然峡谷位置，减少工程开挖对环境造成的影响。同时积极开展环境整治工程，既融入了自然，又保护了环境。

（二）聚焦产业融合，拓宽“两山”转化新通道

天荒坪抽水蓄能电站和长龙山抽水蓄能电站是安吉践行“绿水青山就是金山银山”理念的标杆载体，电站项目聚焦产业融合发展，充分发挥大型水电工程建设、运营等方面优势，做好电站旅游业态开发，积极配置多元化旅游要素，搭建集散中心、智慧旅游数据中心等配套服务设施，着力提升景区品质，多元化拓展抽水蓄能和文旅康养

一体化产业模式，延伸抽水蓄能经济产业链，使其成为拓宽“两山”转化通道、增强县域发展新动能的重要途径，在拉动地方经济、改善劳动就业，促进区域经济稳增长、调结构、惠民生等方面发挥重要作用。

（三）加强技术研发，打造抽水蓄能产业新集群

针对抽水蓄能产业新形势下的功能定位和发展需求，精准评价电站作用效益，推动技术突破和新技术应用，打造抽水蓄能产业集群。一是适时探索与分布式发电等结合的小微型抽水蓄能技术研发和示范建设，鼓励依托常规水电站建设混合式抽水蓄能，探索结合矿坑治理建设抽水蓄能电站发展模式，逐渐形成满足新能源高比例大规模发展需求的、技术先进、管理优质、国际竞争力强的抽水蓄能现代化产业；二是增强装备制造能力，增强机电设备设计制造能力，培育引进形成一批大型骨干企业或研发机构，加大关键材料和配套部件自主化研制力度；三是创新工程建设技术，鼓励和推广新技术、新工艺、新设备和新材料的应用，提高工艺水平，降低工程造价，确保工程安全和质量，以抽水蓄能产业集群为基础，全力打造以新能源为主体的新型电力系统，为建设全国清洁能源重点基地奠定基础。

（四）统筹项目规划，培育抽水蓄能产业新市场

建立储能新技术示范项目规划滚动调整机制，对列入规划储备项目库中的项目，在落实相关条件、做好与生态保护红线等环境制约因素避让和衔接后，可调整进入重点实施项目库，根据需要在不同五年计划中前后调整项目。加强相关规划衔接、统筹抽水储能产业上下游发展，推进多规合一，做好与国土空间规划统筹协调，预留发展空间。从投资主体的市场定位而言，2015 年，《国家能源局关于鼓励社会资本投资建设水电站的指导意见》中已经鼓励项目多元化投资。

2021 年，国家发改委《关于进一步完善抽水蓄能价格形成机制的意见》政策的出台，进一步推进了抽水蓄能电站投资主体多元化发展，鼓励社会资本投资建设抽水蓄能产业，极大地提高了投资主体的积极性。在此基础上，积极稳妥推进以招标、市场竞价等方式确定抽水蓄能电站项目投资主体，进一步科学把握产业政策体系的时度效，为建设现代化抽水蓄能产业体系保驾护航，促进抽水蓄能产业市场化发展。

（五）加快产业布局，构建生态电力能源新体系

全力打造安吉余村屋顶光伏、充电桩、地源热泵等多种分布式电源与新型负荷有效集成的“光热储充”一体化多元融合高弹性应用示范区，争取“生态+电力”高弹性示范样本在更大范围内推广应用，结合抽水蓄能产业集群建设，为安吉绿色生产生活赋能，为“双碳”赋能，全方位打造安吉清洁能源产业示范基地。

第七章

安吉生态产品价值实现的前景展望

生态产品价值实现既是一项复杂的系统工程，又是一场深刻的经济社会变革，涉及环境、资源、产权、金融、技术、市场等多个方面。目前尚处在探索阶段，现实困境集中地表现在生态产品价值“量化难、交易难、转化难、持续难”，为此必须通过建立健全生态产品价值核算体系、系统构建生态产品市场交易体系、积极创新生态产品价值实现路径、不断完善生态产品供给体系，才能有效地破解“可量化、可交易、可转化、可持续”难题，真正走出一条“政府主导、企业和社会各界参与、市场化运作、可持续”的生态产品价值实现路径。

第一节　建立生态产品价值核算体系破解“可量化”难题

《关于建立健全生态产品价值实现机制的意见》要求“建立生态产品价值评价机制”即生态产品价值的内涵及其核算，也就是生态产品价值核算或量化问题，这是为推动生态产品价值实现必选首先完成的。那么，如何对生态产品进行量化？20 世纪末以来，西方学术界开始推动对自然资源生态价值估算的研究，形成了物质量评价法、能值分析法、市场价值（格）法、机会成本法、影子价格法、人力资本法、资产价值法、支付意愿法等一系列评估方法。但由于资源价值理论尚没有统一，生态产品价值的估算本身就是一个复杂而困难的问题（价值来源、确定方法、价值模型、价格体系等没有规范且争论较大），再加上生态系统产品及服务的区域性和整体性、个体消费不可计量性、价值多维性（使用价值与非使用价值、经济价值与非经济价值）等特性额外增加了其价值核算评估的难度，导致迄今为止尚未形成广泛认同的生态产品价值核算方法体系。

目前，在理论和实践中被采用较多的方法是模仿国民生产总值（GDP）来计算生态产品的生态系统生产总值（GEP）。生态系统生产总值指一个地区的生态系统为人类福祉和经济社会发展提供的所有最终生态产品价值的总和，包括生态系统提供的生态物质产品价值、调节服务产品价值和文化服务产品价值。生态系统生产总值一般以年为核算时间单元，可以用来衡量"绿水青山"所产生的各类生态产品的总价值。在具体的应用中，为了获得一个地区总的生态产品的经济价值，就需要借助价格，将生态产品产量转化为统一的货币单位表示。然而，虽然生态物质产品价值相对好计算价格，但调节服务产品价值以及文化服务产品价值却很难找到相对应的价格进行转化，很多时候需要专业人员来根据自己主观判断，这无疑会侵蚀这种方法的科学性。

根据当前深圳、丽水等地开展 GEP 核算和应用的实践经验来看，建议有关部门首先制订生态产品价值核算规范，明确生态产品价值核算指标体系、具体算法、数据来源和统计口径等，推进生态产品价值核算标准化、规范化，实现生态产品价值核算可量化、可比较、可追溯；其次，还需要针对生态产品价值实现的不同路径，分析不同类型生态产品商品属性以及不同利用转化情景下的价值变化，建立反映生态产品保护和开发成本的价值核算方法，建立体现市场供需关系的生态产品价格形成机制；再次，构建特定地域单元生态产品价值评价体系，考虑不同区域生态系统功能特征，体现生态产品数量和质量，建立覆盖行政区域的生态产品总值统计制度；最后，进一步探索将生态产品价值核算基础数据纳入国民经济核算体系，为将生态效益纳入经济社会发展评价体系提供依据。

第二节 培育生态产品市场交易体系破解“可交易”难题

《关于建立健全生态产品价值实现机制的意见》要求“健全生态产品经营开发机制”，即如何实现生态产品的“可交易”。虽然，近年来，安吉县把“两山银行”打造为绿色产业与分散零碎的生态资源资产之间的中介平台和服务体系，为生态产品交易提供了一个交易平台，但目前生态产品交易成功宗数仍然较少，因此如何更好地培育生态产品市场交易体系，真正破解“可交易”难题仍然是摆在政策制订者面前的一大难题。

第一，继续完善生态产品价值实现的财政金融体系。健全主要污染物排污权、水权、林权等抵质押融资模式，探索建立用能权、碳排放权等环境权益的初始配额与生态产品价值核算挂钩机制。推进绿色消费、生态农业等领域的绿色信贷产品创新，鼓励开展绿色金融资产证券化。拓宽绿色产业融资渠道，重点围绕优质生态农产品供给、生态旅游发展等绿色项目，引导符合条件的企业发行绿色债券。有序发展绿色保险，支持探索农产品收益保险和绿色企业贷款保证保险，创新生态环境责任类保险产品。建立健全绿色信用评价体系，发展绿色金融信息共享机制。支持安吉率先设立由政府出资引导、社会各方共同参与的践行“两山”理念产业基金。

第二，进一步完善自然资源的价格形成及交易机制。在不动产统一登记基础上，梳理山水林田湖草等自然资源用益物权，明晰可交易产权。逐步形成涵盖自然资源确权、第三方核算、交易市场、转移登记与监管制度等环节的交易体系。鼓励个人、集体和企业等通过缴费、租赁、置换、赎买等方式获得自然资源的使用权、配额或特许经营权，激发生态产品供给活力。

第三节　创新生态产品价值实现路径破解“可转化”难题

《关于建立健全生态产品价值实现机制的意见》要求“拓展生态产品价值实现模式”，及如何破解生态产品价值“转化”为财富的难题。目前，安吉县已经作了一些有意义的探索，来不断创新生态产品价值实现路径。比如，通过实施最严格的农药化肥管控制度来树立生态品牌。建立“安吉两山”或“两山”核心品牌为主的地域特色公用品牌体系。推广“农合联”模式，加大“安吉白茶”“安吉冬笋”等知名区域地理标志产品以及生态产品品牌建设，联合相关生产、加工、营销主体，进行市场化、企业化运行，形成原料种植、食品加工、食品包装、产品销售等完整产业链。同时，强化生态产品质量监管体系。利用物联网和区块链等信息化手段，健全生态产品质量追溯体系，完善产地准出、市场准入衔接机制，加强监管执法。增强生态产品质量监管能力。

另外，大力发展生态康养旅游业。构建生态优势转化路径，打造绿色发展康养小镇。以山屿海康养综合体为中心，形成“1+2+3+N”的产业发展模式，打造以山水人文为特色的高端康养基地。推动竹海星空、悠然九希、大坑漂流等一批有一定影响力的休闲旅游项目落地，加快千山梅源、野乐园等项目的盘活提质工作。同时，也要继续加大基础设施建设力度，让生态资源真正变成旅游资源。规划建设“1+3”环路系统，串联西南片区乡镇及主要景区，形成快速联络通道。规划省道线位资源进一步向西南片区倾斜，规划新增218省道，利用县道刘彭线、王孔线线位资源延伸304省道至章村，与现有路网构成成环成网的旅游公路系统，串联起山川、天荒坪、上墅、灵峰、孝丰、报福、章村七大乡镇的主要旅游资源。深化“美丽公路”品牌建设，在规划设计阶段充分考虑公路与旅游结合，优化公路服务驿站、绿道、景观节点、停车场的设置。继续推进“中国美丽乡村”精品观光带建设，完成“黄浦江源”“大竹海”精品观光带提档升级。

第四节　完善优质生态产品供给体系破解“可持续”难题

生态产品价值实现有赖于优质生态产品源源不断提供，而这需要给生态产品方足够的激励。安吉通过引导农户、家庭农场、农业企业以及其他乡村产业主体以绿色生产方式发展乡村产业。通过开展节约型乡村建设，在“无废乡镇”建设、“绿币银行”等做法上进一步挖掘提升，制定内涵更丰富、外延更广泛的节约型乡村标准，弘扬绿色、健康的生活方式，进而提升当地的生态环境，为保证优美生态环境这种优质生态产品的提供。

另外，探索市场化的调节服务有偿使用与生态补偿机制。以大型高能耗、高水耗排放企业为试点，结合生态产品核算价格，开展跨区域固碳和水源涵养服务等调节服务的点对点购买。深化西苕溪流域上下游地区横向生态补偿，全面实施全域高标准水生态提升工程，深化开展山水林田湖草生态保护修复试点，探索开展无废城市创建工作。

附录

相关数据

附表 1　　历年畜牧业生产情况

年份	生猪（万头）			牛年末存栏数（头）	羊年末存栏数（万头）	兔年末存栏数（万只）	家禽饲养量（万只）
	全年饲养量	年末存栏数	全年出栏数				
1978	34. 94	34. 94	12. 59	13423	1. 64	0. 91	68. 00
1979	39. 91	39. 91	16. 29	13116	2. 04	1. 28	74. 00
1980	39. 48	39. 48	17. 65	11911	1. 92	1. 86	70. 00
1981	34. 48	34. 48	14. 51	11422	1. 57	1. 55	76. 00
1982	35. 73	35. 73	14. 62	11101	1. 46	1. 19	78. 00
1983	36. 46	36. 46	15. 28	10586	1. 18	0. 31	85. 00
1984	33. 97	33. 97	14. 29	9201	0. 96	0. 34	212. 00
1985	34. 72	34. 75	15. 25	8217	0. 84	1. 45	192. 56
1986	35. 28	35. 28	15. 64	7669	0. 89	1. 11	188. 98
1987	36. 01	36. 01	16. 38	7386	1. 10	0. 49	255. 64
1988	36. 73	36. 73	16. 70	7139	1. 34	0. 24	253. 04
1989	37. 33	20. 15	17. 18	6982	1. 49	0. 19	284. 87
1990	37. 57	19. 57	18. 00	6744	1. 47	0. 18	309. 03
1991	37. 39	19. 42	17. 97	6563	1. 51	0. 74	393. 82
1992	38. 03	19. 32	18. 71	6027	1. 62	0. 71	389. 11
1993	37. 59	18. 64	18. 95	5767	2. 00	0. 29	422. 08
1994	38. 34	17. 59	20. 76	5315	2. 28	0. 18	153. 76
1995	38. 34	17. 15	21. 19	5435	2. 78	0. 18	525. 65

续表

年份	生猪（万头）			牛年末存栏数（头）	羊年末存栏数（万头）	兔年末存栏数（万只）	家禽饲养量（万只）
	全年饲养量	年末存栏数	全年出栏数				
1996	38.34	17.10	21.24	5459	3.26	0.34	504.74
1997	32.63	14.41	18.21	5466	2.92	0.17	487.63
1998	31.42	13.61	19.23	5596	2.82	0.18	441.66
1999	30.48	12.82	17.69	4419	2.44	0.19	392.58
2000	30.61	12.92	17.70	4366	2.52	0.21	395.54
2001	26.37	11.62	15.07	3965	2.90	1.24	303.55
2002	24.81	13.22	11.58	4345	2.62	0.81	332.96
2003	24.43	10.73	13.70	4498	2.93	0.67	417.59
2004	23.82	9.78	14.04	3992	2.95	1.81	471.26
2005	21.62	9.34	12.29	4194	2.77	2.69	490.91
2006	18.04	6.65	11.39	3299	1.74	3.89	435.42
2007	15.95	5.43	10.52	2624	1.45	4.58	507.26
2008	11.52	4.18	7.34	2629	1.24	4.99	485.16
2009	13.16	4.90	8.26	2506	1.23	2.13	406.62
2010	13.76	5.24	8.52	2424	1.16	2.49	394.09
2011	14.88	5.88	9.00	2339	1.09	2.89	367.09
2012	15.29	5.93	9.36	1172	1.16	3.09	372.32
2013	15.59	5.69	9.90	974	1.20	3.08	405.63
2014	14.93	4.92	10.01	934	1.29	0.11	350.28
2015	14.60	4.32	9.28	727	1.50	0.05	294.75
2016	12.80	3.89	8.91	440	1.62	0.01	243.10
2017	12.19	4.29	7.90	385	1.54	0.01	247.23
2018							
2019							
2020							
2021							

附表 2　　历年农村人数、劳动力情况　　单位：户、人

年份	农村住户数	农村人口数	农村劳动力资源数	农村实有劳动力
1978	81056	361059		154617
1979	81832	360382		160813
1980	82669	360039		166232
1981	84863	361648		170063
1982	87497	362575		173340
1983	88341	366233		175796
1984	89937	366952		183663
1985	91662	366299		188865
1986	95868	370776		193483
1987	97487	374439		199809
1988	104248	377962		200909
1989	126225	431694		203100
1990	128707	435208		212500
1991	131070	437515	214700	214700
1992	134747	439828	—	215300
1993	136350	441691	223400	215800
1994	136750	443828	226100	220400
1995	139164	446161	231100	225000
1996	140108	448967	231700	224400
1997	143823	448262	234700	226300
1998	146034	447151	237300	228700
1999	147011	447166	235000	225400
2000	147934	447544	236700	226100
2001	147388	447675	237900	228000
2002	114849	382072	239326	227500
2003	114733	380015	236643	223689
2004	116851	383672	242234	227391
2005	119126	388754	246988	232908
2006	118912	389595	247331	233040
2007	119581	387758	234927	234927
2008	121020	396207	230460	230460
2009	121327	397704	253797	234740
2010	119893	393043	256300	237691

续表

年份	农村住户数	农村人口数	农村劳动力资源数	农村实有劳动力
2011	118488	392675	260532	238396
2012	116818	387528	263753	242257
2013	116276	387551	263632	241230
2014	116231	388641	261185	239905
2015	116365	389408	259844	237116
2016	116989	394910	259189	234459
2017	117761	398777	260795	235547
2018				
2019				
2020				
2021				

注：2008年“农村实有劳动力”改为“农村从业人员”，农村劳动力资源数2002年之前以“万人”为计量单位，本页补“0”处理。

附表3　　历年规模以上工业单位数和总产值

年份	企业单位数（个）	亏损企业单位数（个）	工业总产值（万元）
1978	178		9012
1979	194		11015
1980	208		13171
1981	238		14981
1982	250		16367
1983	236		18329
1984	283		22532
1985	353		30921
1986	370		36136
1987	355		42371
1988	370		67167
1989	369		75644
1990	384		81953
1991	390		106955
1992	398		158732
1993	424		271657

续表

年份	企业单位数（个）	亏损企业单位数（个）	工业总产值（万元）
1994	417		453493
1995	458		538243
1996	428		747122
1997	394		914211
1998	105	25	216098
1999	108	23	252625
2000	126	13	325663
2001	217	5	485806
2002	247	5	542738
2003	282	7	685482
2004	340	4	865616
2005	357	10	1175803
2006	434	8	1490311
2007	448	15	1854342
2008	549	27	2244720
2009	561	25	2599854
2010	588	22	3252454
2011	349	21	3484249
2012	351	11	3778233
2013	368	10	4496013
2014	385	10	4947632
2015	390	12	5163776
2016	395	22	5338050
2017	412	31	5572694
2018			
2019			
2020			
2021			

注：1998 年以前统计口径为乡及乡以上口径；1998 年到 2006 年统计口径为全部国有及规模以上非国有工业企业。2007 年起为规模以上工业企业。2007 年到 2010 年规模以上工业企业标准为年主营业务收入在 500 万元以上的工业企业；2011 年规模以上工业企业标准调整为年主营业务收入在 2000 万元及以上工业企业（下表同）。

附表 4

历年规模以上分行业工业总产值

单位：万元

指标名称＼年份	1998	1999	2000	2001	2002	2003	2004	2005	2006	2007	2008	2009	2010	2011	2012	2013	2014	2015	2016	2017	2018	2019	2020	2021
合计	216098	252625	325663	485806	542738	685482	865616	1175803	1490311	1584342	2244720	2599854	3252454	3484249	3778233	4496013	4947632	5163776	5338050	5572694				
采矿业	7414	8759	9760	4794	10051	11857	11149	18125	18411	21516	24598	28081	38192	6852	8090	7660	9194	8284	4470	6355				
非金属矿采选业	7414	8759	9760	4794	10051	11857	11149	18125	18411	21516	24598	28081	38192	6852	8090	7660	9194	8284	4470	6355				
制造业	20414	212391	243989	342485	374204	507585	698598	923393	1222718	1596110	1986617	2328133	2957401	3207329	3487534	4194373	4638921	4826702	4904657	5102614				
农副食品加工业	17213	24457	44399	20395	5433	14243	19796	18590	12388	16560	18034	19036	23562	31761	40922	71175	67936	70427	75842	92193				
食品制造业	7007	6049	5358	5735	13936	12137	12119	15685	17664	19022	28225	28332	29520	54083	53195	54546	68351	68653	97971	97332				
饮料制造业	19042	26680	14726	15200	14398	18850	21842	25640	25204	30082	34085	46973	49832	50991	51565	48556	51530	63889	63983	65772				
纺织业	40027	35874	32762	44021	26474	35022	32749	32266	31568	66128	74474	75120	67973	59726	81068	129601	153002	136271	149950	56939				
纺织服装、鞋、帽制造业	2728	2100	3554	8023	8934	10331	12987	21616	23710	28259	39341	46654	50874	53511	58161	69730	82026	80278	78157	57308				
皮革、毛皮、羽毛（绒）及其制品业	692	1827	4303	1280	1006	3321	6501	6221	7067	6424	12955	10562	10117	9470	10540	10963	11725	16563	16689	17084				
木材加工及木、竹、藤、棕、草制	16828	18580	35876	64173	77271	89225	133236	189166	245727	326797	379571	407831	426592	431325	403891	463760	503748	501728	425093	389723				
家具制造业	5589	7973	12267	32875	54942	96864	144726	264090	409524	555704	675172	714601	997501	1055270	1135918	1394557	1514231	1618120	1832367	2013744				
造纸及纸制品业	11628	10623	11824	12586	20259	27036	29474	28754	33223	34454	53060	74406	95074	80778	94056	108951	121145	139300	131823	149770				

续表

年份 指标名称	1998	1999	2000	2001	2002	2003	2004	2005	2006	2007	2008	2009	2010	2011	2012	2013	2014	2015	2016	2017	2018	2019	2020	2021
印刷业和记录媒介的复制	255	212	201						513	2164	11140	1557	2071	6388	6450	5987	5899	5987	14413	5972				
文教体育用品制造业				5657	3582	2690	2521	7934	6965	12602	8030	9804	10295	25211	30238	49304	57220	64811	125112	111291				
化学原料及化学制品制造业	4496	6936	5031	7102	6506	8756	9716	16097	19128	23381	31868	49109	67806	80708	91541	334476	240755	291016	275381	390850				
医药制造业	2437	1720	6852	7506	9354	18803	21293	16990	22592	34331	38957	68262	88491	86223	96924	100044	113558	119302	125463	138426				
化学纤维制造业				394	2169	244	2998	13619	10998	12320	13011	75915	114262	259310	288545	151307	188481	162431	173576	131154				
橡胶制品业				807	910	520																		
塑料制品业	600	1080	1861	4117	5986	9956	16237	16322	24286	37487	44928	56270	60839	74271	137829	120220	128752	140081	149353	203329				
非金属矿物制品业	31994	22237	18958	32964	34178	40047	63359	49558	49724	49294	67846	81287	107788	163398	141028	168910	183258	171238	134298	138267				
黑色金属冶炼及压延加工业	1795	2150	2371				1405	14931	21776	15303	13311	14891	25877	72226	77282	85890	96848	114009	105578	27438				
有色金属冶炼及压延加工业							14942	30700	45872	65801	128103	191389	285664	201818	243233	245237	308933	259827	92635	149457				
金属制品业	4576	6605	7456	11164	14395	13767	18028	19678	39259	43133	55253	56737	72129	91273	80519	101402	137302	141261	173402	182751				

续表

指标名称＼年份	1998	1999	2000	2001	2002	2003	2004	2005	2006	2007	2008	2009	2010	2011	2012	2013	2014	2015	2016	2017	2018	2019	2020	2021
通用设备制造业	11800	11485	8154	15871	15514	26605	35151	38846	45389	72744	87860	84022	108916	104945	97278	127878	160126	169933	186428	199097				
专用设备制造业	2861	3218	3740	14365	13240	9016	12432	6983	12802	14965	25627	28007	30769	30445	38545	38150	34400	40823	41310	38775				
交通运输设备制造业	4256	2772	3575	2868	3080	5988	6462	7883	12861	10892	16280	27927	26122	23311	22135	42153	73452	91861	84336	89291				
电气机械及器材制造业	13079	16190	10131	12459	11850	10587	19633	27620	39675	45584	68013	78813	119152	95635	129315	166538	212888	217070	238029	210787				
通信设备、计算机及其他电子设备				518	597	5257	7498	27181	31110	35669	35545	41865	55037	65252	77356	105038	123352	141823	113468	145864				
工艺品及其他制造业	3511	3623	9790	22407	30186	46119	53496	27014	31683	37010	37038	38763	31138											
电力、燃气及水的生产和供应业	6271	31419	67813	138487	158482	166040	155861	234285	249181	236716	233505	243640	256861	270067	279758	290852	295601	319895	412309					
电力、热力的生产和供应业	5900	28448	63942	137955	157829	165280	155088	233201	247819	235251	229940	239515	251899	264285	274651	284253	286719	295221	379529	417479				
燃气生产和供应业		2545	3398					267	610	487	2550	1756	2024	1339	1274	2325	4960	20636	21352	11523				
水的生产和供应业	371	426	473	532	653	760	773	816	751	978	1015	2369	2938	4443	3833	4274	3922	4038	11428	12395				

附表 5　　历年主要工业产品产量

年份	发电量（亿千瓦时）	饮料酒（吨）	机制纸及纸板（吨）	水泥（万吨）	罐头（吨）	化学纤维（吨）	自来水（万吨）	精制茶叶（吨）	耐火材料制品（吨）	家具（万件）
1978	4.88	1073	6810	1.51						
1979	5.68	1064	8546	1.98						
1980	6.12	1552	11097	2.69						
1981	5.72	2013	10920	3.76	338					
1982	5.98	2301	14302	5.77	650					
1983	5.92	2835	18032	7.30	1004					
1984	6.23	3616	26036	9.38	2403					
1985	6.54	4304	30641	11.22	3242					
1986	6.47	5121	27794	16.43	4577					
1987	6.33	6217	28731	26.52	6656					
1988	6.07	7000	24634	27.13	10518	1696	156	1739		
1989	5.95	7422	20502	24.63	10567	2074	174	1683		
1990	6.13	9304	16074	24.94	10484	2088	176	1660		
1991	5.78	11855	20348	30.90	13392	1463	216	2068		
1992	5.61	18156	25948	49.84	19697	1422	255	4441	9100	
1993	5.34	25441	30138	58.77	22492	1517	270	5311	10400	
1994	5.19	27769	33559	68.56	16322	2400	354	4734	13300	
1995	5.49	31096	31237	77.38	19830	4091	464	4233	15500	
1996	4.64	39810	36612	82.02	19242	3466	531	9480	15500	
1997	4.64	34832	37797	76.58	21967	2639	1314	9833	25100	
1997（规上）	3.86	31263	19399	70.80	8930	246	622	5789	8783	22
1998	3.41	26391	17567	41.80	7684	126	453	7967	7334	17
1999	8.60	24441	25006	42.90	6089	6238	436	6734	7950	32
2000	14.43	28568	25844	38.40	5856	6194	473	6839	9829	58

续表

年份	发电量（亿千瓦时）	饮料酒（吨）	机制纸及纸板（吨）	水泥（万吨）	罐头（吨）	化学纤维（吨）	自来水（万吨）	精制茶叶（吨）	耐火材料制品（吨）	家具（万件）
2001	22.41	9128	25816	69.57	7737	8643	520	8477	9976	162
2002	25.83	13955	32903	74.24	6422	7101	680	12522	9117	175
2003	26.66	22422	42284	65.60	10776	11553	817	14852	14592	243
2004	25.07	18463	38739	108.44	5330	7941	858	16462	15529	418
2005	26.42	21692	40965	111.83	3872	10328	915	16991	15368	904
2006	23.75	24472	35713	88.28	2890	9175	1039	14807	17368	1484
2007	19.29	26444	39591	79.37	3140	6257	1087	22401	26763	2068
2008	18.71	31459	43797	77.73	4086	1096	1219	24976	20002	2463
2009	18.45	33595	57950	91.39	6288	36706	1271	31476	19171	2683
2010	17.89	38426	78794	93.14	3874	73642	1498	32544	26549	3377
2011	17.59	40194	71590	91.48	2865	129974	1587	23553	2814	3652
2012	16.70	48241	82511	83.60	5164	173017	1662	21904	2852	3916
2013	16.73	53178	39113	88.13	3974	100842	1683	16917	2925	4149
2014	16.42	54540	45937	90.64	5460	44505	1588	15666	2808	4601
2015	16.70	45648	55813	106.86	6185	71017	1616	14538	2847	4819
2016	31.30	39836	59563	114.23	5838	121461	2942	13465	3069	5539
2017	30.69	30000	81000	119.00	7000	149000	3000	14000	3000	5811
2018										
2019										
2020										
2021										

注：1989年及以前饮料酒产量为黄酒产量，2004年及以后饮料酒计量单位为千升。

附表 6　　历年规模以上工业主要财务指标　　单位：万元、人

指标名称＼年份	1998	1999	2000	2001	2002	2003	2004	2005	2006	2007	2008	2009	2010	2011	2012	2013	2014	2015	2016	2017	2018	2019
主营业务收入	179019	184886	230175	331421	532617	680821	866644	1142132	1451902	1798921	2173546	2501727	3211319	3329789	3682899	4421436	4832454	5012657	5164023	5343088		
主营业务成本	156080	160307	202005	292224	438781	564581	730946	973383	1259965	1563020	1895468	2172793	2778074	2829757	3092833	3687729	4029245	4153470	4231072	4380298		
主营业务税金及附加	1371	1784	1697	2536	4225	5327	6226	6611	7205	8972	11937	11412	15951	16703	20079	33857	36540	37657	40120	39588		
营业费用	5483	6013	7845	9894	11077	15744	22226	30631	36972	46493	57202	67527	93458	104407	121823	141223	163452	181527	192629	200805		
管理费用					19136	18437	27369	39287	48696	61271	76071	88651	116928	128631	154990	188192	217395	241066	275604	298265		
财务费用					33920	27700	24434	24738	23040	33264	41572	41727	51844	69620	83137	96014	83231	65472	48572	74409		
利润总额	884	3233	5219	10613	30256	44284	54893	69371	78944	90461	101117	128615	173429	203753	228819	281873	312167	355954	409815	384946		
利税总额	9698	13866	15819	37576	64563	86840	106122	130601	150405	173988	199208	224348	317574	342597	415574	501766	556218	607801	649891	678468		
资产总计	223460	622786	741548	786627	771401	825877	870839	955780	1092859	1363461	1623516	1963955	2516244	2875631	3002467	3332794	3602640	3818426	4071838	4546972		
本年折旧	4026	7645	10368	33125	37927	41314	50937	52088	54413	58654	65560	73909	92739	90898	97264	107880	109471	127176	122703	128780		
负债合计	128761	500323	635154	600186	599720	584767	590556	639371	693524	872466	998805	1202056	1602105	1839225	1876426	2076609	2177575	2231832	2275914	2388608		
应交增值税	7444	8849	8902	24427	30082	37228	45002	54619	64255	74555	85276	84322	128194	122141	166676	184985	206775	214065	199517	253934		
全部职工平均人数	18918	17563	17534	21505	20754	25551	30628	30628	62902	48422	52286	54890	64893	56903	58680	60716	63301	64794	66216	7116		

注：2011 年开始“营业费用”改为“销售费用”；“全部职工平均人数”2009 年改为“全部从业人员年平均人数”，“全部从业人员年平均人数”2014 年改为“平均用工人数”。

附表7　　**历年用电情况**　　单位：万千瓦时

年份	全社会用电量	工业用电	城乡居民用电
1978	4599	3249	
1979	5272	3624	
1980	6785	4755	
1981	7213	4706	
1982	7952	5174	
1983	9234	5931	
1984	10588	6657	
1985	11384	6218	
1986	12969	9741	997
1987	15945	12443	1537
1988	18003	14107	1807
1989	17482	13482	1965
1990	17574	13086	2193
1991	19410	14754	2363
1992	22878	17562	2757
1993	24889	18733	3147
1994	28034	21139	3514
1995	30036	22887	3864
1996	31307	23523	4270
1997	30767	22126	4520
1998	27278	18221	5095
1999	28442	19272	5269
2000	30636	19523	6173
2001	34971	22985	6807
2002	40599	25319	8254
2003	51765	33129	9004
2004	62210	44878	8789
2005	67068	46037	11108
2006	76554	52042	13619

续表

年份	全社会用电量	工业用电	城乡居民用电
2007	89908	61316	15836
2008	101488	68853	18412
2009	98135	82179	20727
2010	141481	97945	23920
2011	165994	117166	26552
2012	184067	128075	32135
2013	202224	138247	36458
2014	202276	137627	34228
2015	218773	144116	37238
2016	247702	156796	45861
2017	292198	190443	49277
2018			
2019			
2020			
2021			

附表8 **历年全社会固定资产投资情况** 单位：万元

年份	固定资产投资	工业投资	房地产投资
1978	1142		
1979	679		
1980	1043		
1981	827		
1982	716		
1983	2598		
1984	4847		
1985	8155		
1986	11344		

续表

年份	固定资产投资	工业投资	房地产投资
1987	11580		
1988	13997		
1989	13553		
1990	11275		286
1991	14251		382
1992	31036		686
1993	45499		1275
1994	84208		2870
1995	102771		3806
1996	171942		3575
1997	249360		4867
1998	277137		5300
1999	137688		3990
2000	135573		9760
2001	182697		20262
2002	228835	109353	58069
2003	279187	170625	66964
2004	338395	220207	77233
2005	368153	254000	91103
2006	391997	292161	92791
2007	448874	273592	97609
2008	572901	400367	116229
2009	692488	456733	102683
2010	826541	541135	143436
2011	918140	567007	231135
2012	1108268	708263	208515
2013	1235771	744807	317251
2014	1452646	801937	320329

续表

年份	固定资产投资	工业投资	房地产投资
2015	1643186	864712	281906
2016	1707653	853201	292836
2017	2027783	939629	343323
2018			
2019			
2020			
2021			

附表 9 **历年财政收入支出情况** 单位：万元

年份	财政总收入	地方财政收入	财政总支出	人均财政总收入（元）
1978	1728		972	44
1979	1872		913	47
1980	1894		947	48
1981	1983		883	50
1982	2614		974	65
1983	2739		1277	67
1984	2621		1769	64
1985	3457		1978	84
1986	3993		2453	96
1987	4474		2554	106
1988	4862		3270	114
1989	5303		3467	123
1990	4874		3889	112
1991	5206		3846	119
1992	5701		4306	130
1993	7996		6605	181
1994	8800	4180	7887	199

续表

年份	财政总收入	地方财政收入	财政总支出	人均财政总收入（元）
1995	9974	4580	9314	224
1996	11341	5034	10664	253
1997	12485	5258	11512	278
1998	14586	6564	12938	326
1999	17214	7773	15697	385
2000	25032	11558	19117	560
2001	36833	19822	29804	823
2002	52482	24368	41076	1170
2003	70088	33921	48977	1564
2004	52016	35314	59246	1162
2005	78057	45730	69120	1733
2006	87805	49188	76448	1932
2007	111086	62358	88802	2443
2008	147306	82750	124119	3246
2009	183075	105432	172490	4013
2010	235128	139268	219315	5141
2011	291066	166628	252632	6346
2012	363006	210821	292238	7899
2013	423888	247043	332470	9202
2014	500518	294846	407772	10814
2015	556855	329601	476610	12002
2016	603302	358511	571939	12971
2017	672790	395208	620038	14396
2018				
2019				
2020				
2021				

注：2004 年财政总收入的口径有所调整，2004 年开始财政总收入均按新口径计算。

附表 10　　历年金融业主要指标　　单位：万元

年份	金融机构本外币存款余额	人民币	金融机构本外币贷款余额	人民币	城乡居民本外币储蓄余额	人民币
1978		3244		2942		489
1979		5295		3465		800
1980		7493		4603		1214
1981		7985		5233		1603
1982		10081		6113		2209
1983		11728		7405		3192
1984		13373		11840		4290
1985		16343		15148		6318
1986		21169		19275		8851
1987		23917		22781		11361
1988		28042		27182		13305
1989		30817		32281		17242
1990	25402	40511	28636	39326		22682
1991	31426	50591	34445	48215		28263
1992	39711	66728	44193	64403		36652
1993	46432	79121	50578	76295		46860
1994	54891	96279	58778	90958		64994
1995	75921	126486	68790	106980		87781
1996	100157	160119	78615	122351		113549
1997	122184	191822	99136	149130		134180
1998	148003	229409	113977	174172		160142
1999	257604	257604	189288	189288	171621	171621
2000	289591	289591	189158	189158	183901	183901
2001	315714	315714	208862	208862	210275	170275
2002	398284	398284	268197	268197	255739	255739
2003	488794	488794	383782	283782	293403	293403
2004	512183	512183	411145	411145	323966	323966
2005	575943	575943	469620	469620	362977	362977
2006	669319	669319	544362	544362	414582	414582

续表

年份	金融机构本外币存款余额	人民币	金融机构本外币贷款余额	人民币	城乡居民本外币储蓄余额	人民币
2007	771473	771473	696049	696049	460334	460334
2008	1051645	1051645	868379	868379	612401	612401
2009	1535552	1535552	1450422	1450422	809051	809051
2010	1972224	1972224	1950214	1950214	968739	968739
2011	2427380	2427380	2488792	2488792	1219401	1217211
2012	2715994	2715994	2999749	2999749	1438196	1438196
2013	3195143	3141021	3511744	3484858	1669614	1667100
2014	3447377	3390302	3864914	3838243	1809509	1806798
2015	3914221	3837013	4081513	4050427	2025679	2020272
2016	4802324	4666122	4301733	4298160	2382015	2372736
2017	5357545	5191230	4999758	4988442	2646609	2639497
2018						
2019						
2020						
2021						

附表 11　　　　历年社会消费品零售总额

年份	社会消费品零售总额（万元）	比上年增长（%）
1978	4895	10.4
1979	6367	30.1
1980	7357	15.5
1981	8511	15.7
1982	9088	6.8
1983	10262	12.9
1984	12259	19.5
1985	16431	34.0
1986	18723	13.9

续表

年份	社会消费品零售总额（万元）	比上年增长（%）
1987	21154	13.0
1988	26430	24.9
1989	29254	10.7
1990	30403	3.9
1991	33934	11.6
1992	41359	21.9
1993	53879	30.3
1994	78636	45.9
1995	104233	32.6
1996	131698	29.9
1997	151452	15.0
1998	172197	13.7
1999	190364	10.6
2000	210231	10.4
2001	232403	10.6
2002	256844	10.5
2003	255621	10.6
2004	284995	11.5
2005	323315	13.4
2006	370054	14.5
2007	432053	16.8
2008	519239	20.2
2009	595154	14.6
2010	702505	18.0
2011	821741	17.0
2012	947531	15.3
2013	1014553	14.0
2014	1125903	11.0
2015	1266792	12.5
2016	1411068	12.3

续表

年份	社会消费品零售总额（万元）	比上年增长（%）
2017	1566341	11.0
2018		
2019		
2020		
2021		

附表 12　　**历年社会消费品零售总额分类情况**　　单位：万元

年份	社会消费品零售总额	城镇零售额	乡村零售额	批发和零售业	住宿和餐饮业
1992	41359	14936	26523	28462	
1993	53879	19388	34491	35522	
1994	78636	28715	49921	50252	
1995	104233	48097	56137	59593	
1996	131698	61248	70450	65859	
1997	151452	66768	84684	79273	
1998	172197	68523	103674	87831	
1999	190364	72659	117705	97061	
2000	210231	79342	130889	111272	
2001	232403	87555	144848	125355	
2002	256844	87011	144149	207346	
2003	255621	96332	159289	229208	25825
2004	284995	108049	176946	255117	28945
2005	323315	123602	198733	288150	33241
2006	370054	142288	225527	327613	39022
2007	432053	166917	261220	379778	46904
2008	519239	198314	315021	455093	56519
2009	595154	229894	365260	529036	64232

续表

年份	社会消费品零售总额	城镇零售额	乡村零售额	批发和零售业	住宿和餐饮业
2010	702505	385891	316614	626991	75514
2011	821741	451388	370352	729389	92351
2012	947531	520235	427296	838959	108572
2013	1014553	517284	497269	898677	115876
2014	1125903	574057	551846	1005489	120414
2015	1266792	645891	620901	1141520	125272
2016	1411068	719452	691616	1275338	135730
2017	1566341	798621	767720	1414456	151885
2018					
2019					
2020					
2021					

注：2010 年起“县、县以下”统计分组改为“城镇、乡村”。

附表 13　　历年对外经济主要指标

年份	进出口总额（万美元、万元）		合同外资（万美元）	
	进出口总额	出口额	合同外资	实到外资
1994		1759	243	345
1995		2372	192	235
1996		2600	103	401
1997		3159	154	167
1998		3010	1319	100
1999		2889	729	131
2000		4356	1011	502
2001	5916	5509	13165	5246
2002	5892	7778	21122	6030
2003	13360	12333	26065	9108

续表

年份	进出口总额（万美元、万元）		合同外资（万美元）	
	进出口总额	出口额	合同外资	实到外资
2004	23191	22055	27058	9405
2005	38653	37459	28008	5580
2006	57713	55470	25462	6012
2007	91971	86430	25707	10302
2008	117887	112218	25351	10215
2009	114787	111409	25514	11201
2010	162687	159263	25053	11003
2011	193788	183947	25060	10053
2012	212966	201315	23031	13605
2013	223784	220336	22426	15934
2014	252826	247042	24704	14244
2015	260461	257316	27352	15071
2016	1874397	1836852	32392	18227
2017	2221382	2158728	50326	17093
2018				
2019				
2020				
2021				

注：2016年开始进出口数以人民币为计量单位，“万美元”改为“美元”

附表14　　**历年旅游业主要指标**

年份	国内外旅游人数（万人次）	旅游总收入（万元）	门票收入
1998	41	6155	
1999	76	11690	
2000	102	19980	600
2001	143	30743	980

续表

年份	国内外旅游人数（万人次）	旅游总收入（万元）	门票收入
2002	201	49130	1660
2003	202	54412	1749
2004	261	75018	2608
2005	312	95100	3503
2006	363	123905	4665
2007	450	166500	6392
2008	501	190700	7160
2009	544	220355	8487
2010	648	351774	10015
2011	774	512532	13916
2012	876	681108	15998
2013	1044	1023064	18583
2014	1205	1275302	21559
2015	1495	1756417	37110
2016	1929	2331562	46805
2017	2238	2826915	56241
2018			
2019			
2020			
2021			

附表 15　　历年农村居民人均收入和住房面积

年份	人均收入		人均年末住房建筑面积（平方米）
	绝对值（元）	比上年增长（%）	
1978	184		
1979	336	82.6	

续表

年份	人均收入		人均年末住房建筑面积（平方米）
	绝对值（元）	比上年增长（%）	
1980	342	1.8	
1981	323	-5.6	
1982	376	16.4	
1983	391	4	
1984	535	36.8	
1985	597	11.6	22.7
1986	580	-2.8	24.6
1987	781	34.7	25.5
1988	866	10.9	33.9
1989	963	11.2	36.6
1990	984	2.2	40.1
1991	1007	2.3	40.1
1992	1061	5.4	35.9
1993	1443	36	30.3
1994	2005	38.9	33.2
1995	2739	36.6	33.8
1996	3212	17.3	35.4
1997	3501	9	35.8
1998	3666	4.7	36.3
1999	3756	2.5	36.8
2000	4097	9.1	46.1
2001	4556	11.2	45.5
2002	4930	8.2	49.8
2003	5402	9.6	46
2004	6161	14.1	46.6
2005	7034	14.2	53
2006	8031	14.2	53

续表

年份	人均收入		人均年末住房建筑面积（平方米）
	绝对值（元）	比上年增长（%）	
2007	9196	14. 5	59
2008	10343	12. 5	64
2009	11326	9. 5	62
2010	12840	13. 4	63
2011	14152	10. 2	65
2012	15836	11. 9	65
2013	17617	11. 2	62
2014	19502	10. 7	62
2015	21296	9. 2	60
2016	23042	8. 2	62
2017	27904	9. 5	66. 5
2018			
2019			
2020			
2021			

注：2014 年开始农村居民纯收入调整为农村常住居民人均可支配收入。

附表 16　　历年城镇居民人均收入和住房面积

年份	人均可支配收入		人均年末住房建筑面积（平方米）
	绝对值（元）	比上年增长（%）	
1985	813	25. 9	12. 2
1986	1028	8. 7	14. 8
1987	1118	41	14. 8
1988	1576	10. 9	12. 2
1989	1748	6. 1	13. 3
1990	1855	7. 1	13. 7

续表

年份	人均可支配收入		人均年末住房建筑面积（平方米）
	绝对值（元）	比上年增长（%）	
1991	1986	27.5	15.8
1992	2532	38.7	16.1
1993	3511	41.3	17.2
1994	4962	16.4	15.6
1995	5778	13.9	15.9
1996	6583	13.1	17.3
1997	7445	-0.2	18.1
1998	7430	1.3	19.3
1999	7528	9.7	19.3
2000	8259	15.4	22.3
2001	9529	9.8	23.2
2002	10462	9.3	29.8
2003	11430	12.9	32.9
2004	12910	13.8	33.4
2005	14688	11.9	38
2006	16443	12.8	38
2007	18548	10.1	38
2008	20426	10.1	41
2009	22484	12.1	42
2010	25205	13.8	42
2011	28679	11.9	42.7
2012	32211	12.3	42.9
2013	35286	9.5	43.1
2014	37963	8.8	46.6
2015	41132	8.3	48
2016	44358	7.8	48.5
2017	48237	8.7	48.5

续表

年份	人均可支配收入		人均年末住房建筑面积（平方米）
	绝对值（元）	比上年增长（%）	
2018			
2019			
2020			
2021			

附表 17　　历年农村居民人均消费支出

年份	生活消费支出	食品	衣着	居住	生活用品及服务	医疗保健	交通和通信	文教娱乐用品及服务	其他商品和服务
1985	479	279	40	52	71				
1986	510	315	46	45	61				
1987	682	393	43	124	74				
1988	736	442	50	113	60				
1989	831	478	50	164	60				
1990	870	554	47	113	54				
1991	811	477	55	118	52				
1992	1377	584	82	78	76				
1993	1331	730	116	146	152				
1994	1828	993	149	175	243				
1995	2455	1310	169	328	262				
1996	2647	1402	199	400	278				
1997	2736	1432	209	419	281				
1998	2859	1457	197	523	271				
1999	2595	1485	129	146	167	136	118	339	75
2000	2840	1344	164	165	184	141	265	482	95
2001	3076	1473	197	181	169	204	261	517	74
2002	4109	1773	250	511	261	287	492	457	79
2003	4992	2058	331	548	321	239	697	735	63

续表

年份	生活消费支出	食品	衣着	居住	生活用品及服务	医疗保健	交通和通信	文教娱乐用品及服务	其他商品和服务
2004	5129	2054	378	612	356	186	693	782	68
2005	5575	2216	398	655	357	344	732	784	89
2006	5749	2271	454	520	333	410	771	833	157
2007	6836	2776	515	632	452	433	1082	862	84
2008	7792	3130	552	1117	419	516	1033	923	102
2009	8580	3317	600	1390	463	583	977	1115	135
2010	9506	3689	650	1658	583	470	1141	1146	169
2011	9127	3196	678	1708	536	797	1388	727	97
2012	10394	3522	777	1921	676	921	1580	842	153
2013	13670	3541	904	2338	728	2500	1473	650	1536
2014	15064	4200	1165	3042	1001	775	3142	1407	226
2015	16420	4951	1243	2893	1059	985	3269	1759	261
2016	17783	5501	1311	3055	1093	1052	3546	1949	296
2017	18814	5751	1377	3247	1201	1105	3656	2110	366
2018									
2019									
2020									
2021									

注：2014 年住户调查口径有所调整。

附表 18　　　　历年城镇居民人均消费支出

年份	生活消费支出	食品	衣着	居住	生活用品及服务	医疗保健	交通和通信	文教娱乐用品及服务	其他商品和服务
1979									
1980									
1981									
1982									
1983									

续表

年份	生活消费支出	食品	衣着	居住	生活用品及服务	医疗保健	交通和通信	文教娱乐用品及服务	其他商品和服务
1984									
1985	702	368	110		78	10		43	74
1986	994	452	117	97	94	13	12	81	74
1987	1004	526	139	75	92	21	13	62	68
1988	1444	669	200	40	259	26	13	169	68
1989	1695	779	186	159	282	30	15	157	87
1990	1434	821	215	45	130	28	20	86	89
1991	1766	883	257	99	158	55	29	159	127
1992	1936	944	325	141	166	81	37	127	115
1993	2841	1321	470	204	226	128	76	236	179
1994	3907	1855	558	246	362	119	254	330	184
1995	4878	2274	575	581	459	171	266	317	236
1996	5435	2531	663	536	632	187	195	481	211
1997	5456	2468	778	491	280	267	361	532	279
1998	5198	2365	634	528	267	289	330	602	183
1999	5209	2249	539	418	318	334	387	722	242
2000	5641	2483	527	425	473	382	382	652	318
2001	6587	2485	660	604	453	534	551	937	363
2002	7574	2754	788	737	437	658	789	1082	326
2003	8122	2927	845	633	554	667	768	1431	297
2004	9958	3226	951	809	505	647	2068	1459	296
2005	10430	3465	1422	947	701	777	1304	1457	356
2006	11178	3480	1418	956	448	931	1968	1462	515
2007	11968	4057	1588	997	6168	834	1718	1787	370
2008	13242	4734	1626	983	763	1272	1801	1576	487
2009	14557	4787	1896	1215	946	1321	1842	1992	557
2010	16585	5304	2221	1029	1144	1483	2496	2231	677
2011	18774	6575	2573	1244	1416	992	2922	2437	616
2012	20803	6904	2570	1819	1406	1566	3329	2448	760

续表

年份	生活消费支出	食品	衣着	居住	生活用品及服务	医疗保健	交通和通信	文教娱乐用品及服务	其他商品和服务
2013	24453	7052	1566	6211	1183	3174	2221	2480	566
2014	26532	7920	1852	6559	1405	4654	2284	1260	598
2014	26532	7920	1852	6559	1405	1260	4654	2284	598
2015	28681	8702	1967	6756	1485	758	5631	2681	701
2016	29986	9128	2034	6844	1553	830	5899	2938	759
2017	31485	9535	2169	7237	1619	903	6051	3172	799
2018									
2019									
2020									
2021									

注：2014 年住户调查口径有所调整。

后　记

人类社会的发展进程，就是一部寻求和谐共生、追求绿色可持续的历史。从古至今，人类文明在与自然的互动中不断积累经验、逐步形成更为理性的发展观念。当今世界，面临资源紧缺、环境污染、生态退化等重大挑战，使得建设生态文明成为全球共同关注的焦点。在这样的背景下，以“绿水青山就是金山银山”理念为引领的“安吉模式”引起了社会的广泛关注。本书所描述的安吉生态产品价值实现，是对这一理念付诸实践的探索与总结。通过对安吉生态产品价值实现探索的全面梳理，也能更深入地理解“绿水青山就是金山银山”理念在当地具体实践过程所取得的成绩以及遇到的困难和问题。本书力求以实事求是的态度，深入剖析案例，科学分析问题，为其他地区的生态产品价值实现提供有益的借鉴和启示。

全书共七个章节，第一章，讲述了“绿水青山就是金山银山”理念与生态产品价值实现的关系，“绿水青山就是金山银山”理念是习近平生态文明思想的主要组成部分，是中国生态文明建设的理论创新和实践创造。第二章，阐述了生态产品价值实现的相关理论和政策。本章主要厘清了生态产品与生态产品价值实现等相关概念，并分析了生态产品价值实现的理论逻辑和相关政策。第三章，全面分析了安吉生态产品价值实现的实践探索。主要从安吉生态产品价值实现的时代选择、主要做法以及基本经验等方面展开论述。第四章，从重点领域出发，分析了安吉生态产品价值实现的重点领域，包括，安吉生态物质产品的价值实现、安吉生态调节服务的价值实现、安吉生态文化服务的价值实现。第五章，分析了安吉生态产品价值实现的原始创新，以安吉“两山银山”为例，分析了“两山银行”的理念创新、机制创新和模式创新。第六章，以案例剖析为主，通过安吉白茶、毛竹产业以及抽水蓄能等案例的深入剖析，呈现出“绿水青山就是金山银山”理念在具体实践过程中的生动场景与丰硕成果，为其他地区提供了鲜活的实践经验。第七章，前景展望部分，以全局视野梳理安吉生态产品价值实现的全过程与内在逻辑，并针对安吉未来发展提出了前瞻性的建议。

囿于时间和水平限制，书中难免存在不足之处，恳请广大读者批评指正。

编者

2023 年 6 月